日本图解机械工学入门系列

从零开始学
机械工程材料

（原著第2版）

（日）门田和雄◎著
王明贤　李牧◎译

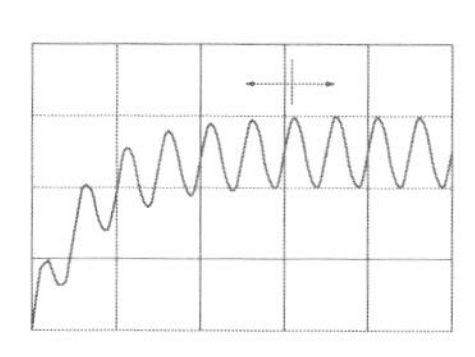

化学工业出版社
·北京·

内容简介

本书通过图解的形式，对机械工程材料的力学性能、化学和金属学知识、碳素钢、合金钢、铸铁、铝及铝合金、铜及铜合金、其他的金属材料、塑料、陶瓷材料等进行了深入浅出的讲解。书中每个知识点都设有例题辅助讲解，章末还给出了练习题和详细解答步骤，便于读者检验自己的学习效果。本书可供机械设计、工业设计、产品设计的从业人员阅读，也可供高等院校机械和材料相关专业师生参考，还可供对材料和机械设计感兴趣的大众人士学习使用。

Original Japanese Language edition
ETOKI DE WAKARU KIKAI ZAIRYO (DAI 2 HAN)
by Kazuo Kadota

Published by Ohmsha, Ltd.
Chinese translation rights in simplified characters arrangement with Ohmsha, Ltd.
through Japan UNI Agency, Inc., Tokyo

北京市版权局著作权合同登记号：01-2020-5198

图书在版编目（CIP）数据

从零开始学机械工程材料/（日）门田和雄著；王明贤，李牧译.—北京：化学工业出版社，2022.4（2024.4重印）
（日本图解机械工学入门系列）
ISBN 978-7-122-40614-9

Ⅰ.①从… Ⅱ.①门… ②王… ③李… Ⅲ.①机械制造材料-图解 Ⅳ.①TH14-64

中国版本图书馆CIP数据核字（2022）第014380号

责任编辑：王　烨　　　　文字编辑：陈小滔
责任校对：杜杏然　　　　装帧设计：王晓宇

出版发行：化学工业出版社（北京市东城区青年湖南街13号　邮政编码100011）
印　　刷：三河市航远印刷有限公司
装　　订：三河市宇新装订厂
710mm×1000mm　1/16　印张10½　字数201千字　2024年4月北京第1版第3次印刷

购书咨询：010-64518888　　　　售后服务：010-64518899
网　　址：http://www.cip.com.cn
凡购买本书，如有缺损质量问题，本社销售中心负责调换。

定　　价：59.80元　

第2版前言

本书是面向初学者的教程，内容是以钢铁材料为中心的金属材料，且广泛涉及塑料和陶瓷等非金属材料。第1版自2006年4月出版以来，有幸重印了多次。

机械工程材料的基础知识并没有随着时代的变迁而发生巨大的变化，但在第1版的修订中，除了全面地重新审视书中内容外，还增加了这一期间投入市场的热门材料等。另外，考虑到第1版出版以来，有大学和高职院校采用本书作为教材使用，为此，本书充实了章后习题。

本书作为图解机械工学系列图书之一，希望能对初学机械工学的读者起到帮助作用。

作者

2018年5月

第1版前言

在进行机械设计时，需要思考机械运动的机理以及计算结构强度。然后，为了能够制造出这一机械，要采用某些材料并进行加工。此时，采用的材料有可能是钢铁材料或者铝合金材料，还有可能会用到塑料或者陶瓷。学习机械工程材料就是学习如何进行这些材料的选择以及使用。当然，当设计某种机械时，这个机械所使用的材料只有一种的情况非常少。为此，工程师在机械设计中，往往需要考虑材料的机械特性以及预算等多种因素，选取适宜的材料。

另外，开发新型合金等材料的研究人员与选取适当材料使用的设计人员往往都是不同的人。但是，希望机械工程的初学者还是要以化学和金属学的知识为基础，掌握各种各样的材料相关知识。这将有助于提高对日益增加的新型材料的认识和鉴别能力。

为了使读者能够掌握机械工程材料的基础知识，在本书中不仅包括钢材，还广泛涉及其他的金属材料、塑料以及陶瓷。另外，对于典型的机械材料标注了JIS标准的标记符号，相信读者只要能查找到材料的标记符号，在供销商处就能够购买材料，从而有助于机械产品的实际生产。希望本书起到材料选取的入门教程的作用。

作者

2006年4月

目 录

第 10 章 陶瓷材料

克拉克值

克拉克值是各种元素在地壳（约地球全部质量的0.7%）中平均含量的百分数，通常用质量分数（%）或克/吨表示。

序号	元素名称	元素符号	克拉克值 /%
1	氧	O	48.6
2	硅	Si	25.8
3	铝	Al	7.56
4	铁	Fe	4.70
5	钙	Ca	3.39
6	钠	Na	2.63
7	钾	K	2.40
8	镁	Mg	1.93
9	氢	H	0.83
10	钛	Ti	0.46
11	氯	Cl	0.19
12	锰	Mn	0.09
13	磷	P	0.08
14	碳	C	0.08
15	硫	S	0.06
16	氮	N	0.03
17	氟	F	0.03
18	铷	Rb	0.03
19	钡	Ba	0.023
20	锆	Zr	0.02
21	铬	Cr	0.02
22	锶	Sr	0.02
23	钒	V	0.015
24	镍	Ni	0.01
25	铜	Cu	0.01

第1章

机械工程材料的力学性能

机械工程材料有抗拉强度和硬度等多种力学性能，在日本工业标准JIS中的各种材料试验中规定了这些性能的测量方法和测量步骤。

在本章中，介绍机械工程材料有哪些力学性能和各种性能的测量方法。

在充分掌握本章的学习内容和比较分析材料的性能差异方法的基础上，才能学习后续章节的各种材料的特性。

1.1

材料的力学性能原理

材料中有关强度的各种表现方法

❶ 具有代表性的力学性能有抗拉强度、抗压强度、硬度、黏度等。
❷ 金属材料具有弹性变形和塑性变形的性能。
❸ 表示材料强度的基本指标有应力和应变。

（1） 材料的力学性能

我们将机械工程材料所具备的强度和硬度等的特征统称为力学性能（图1.1）。材料的强度是用数值表示的“材料在受到外力作用时所能承受的能力”的量化指标。抗拉强度是指材料相对于拉伸作用时所具有的强度，抗拉强度在金属材料的力学性能中是最具有代表性的。抗压强度是指力的作用方向与抗拉强度的方向相反，通常用于混凝土材料中的性能。另外，板材或者棒材相对于弯曲作用时所能承受的强度称为抗弯强度。

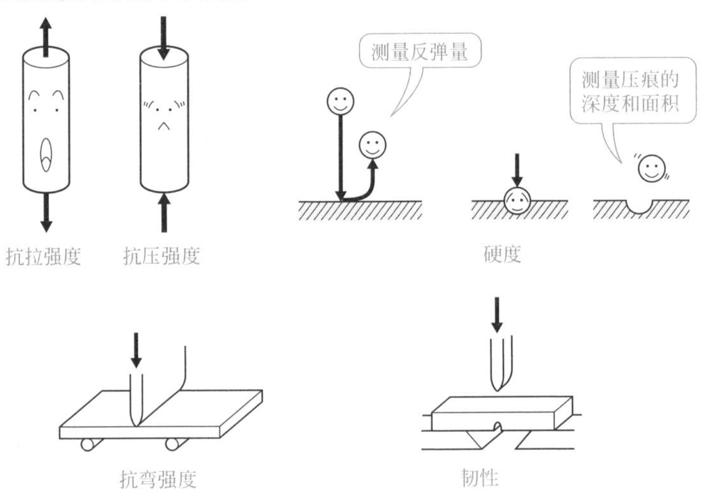

图1.1　材料的力学性能

材料的硬度是与强度同等重要的力学性能。材料的硬度是指“材料抵抗由于其他物体作用的外力而发生变形的能力大小”。“软”或者“硬”都是我们在日常生活中常用到的普通术语，但不可思议的是硬度在物理学上没有定义。因此，硬度是数值化表示的各种材料的试验结果，这种试验的结果称为工业量。通常，大多数的硬质材料都兼具有脆性，因为这一性质与耐磨性能等有关，所以，了解硬度的知识对于掌握材料的力学性能是非常重要的。

在外部力的作用下突然破损的材料称为脆性材料，而韧性材料可以说是具有与脆性材料相反的性能。韧性材料是对于外部的作用力所具有的抵抗突然破坏的能力，这种特性称为韧性。韧性的大小能够通过给材料施加冲击载荷的实验而测得。

(2) 金属材料的弹性和塑性

当给金属材料施加拉伸外力时，材料会在某一时刻发生断裂，但它是否会在断裂之前一直伸长呢？答案是“会”的。在材料试验中，使用标准化的直径为14mm的低碳钢圆棒进行拉伸，当施加数千千克的外力时，圆棒会伸长数毫米。这种现象就如同把重物挂在弹簧上时，弹簧会伸长的现象一样。以弹簧为例，如果去除所施加的外力，弹簧就会恢复原来的状态，这种性质称为弹性。但是，当所施加的外力过大时，即使是去除弹簧上所施加的外力后，弹簧也不会完全恢复到原来的状态，而是保留一定的变形，这种性质称为塑性。

在拉伸金属材料时，会发生与弹簧实验相同的现象，如果所施加的是某种范围内的外力，去除所施加的外力后金属材料就能够恢复到原来的状态。但是，当所施加的外力超过某一程度后，金属材料将会在去除所施加的外力后残留变形（图1.2）。

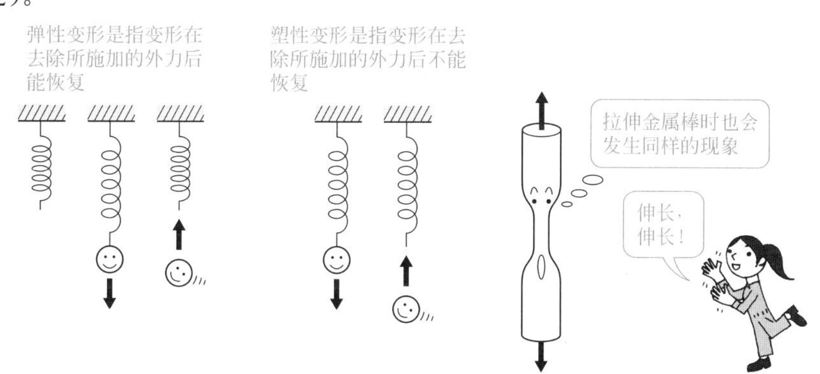

图1.2 弹性变形和塑性变形

机械设计的力学基础就是在将机械工程材料作为结构材料，即作为构件材料使用时，所使用的材料承受的应力要保持在它的弹性变形范围内。

(3) 应力和应变

要掌握在实际的材料上施加外力时的材料状态，就需要获得外力与伸长量之间的关系。在这种情况下，如果不掌握承受所施加外力的横截面积的大小，也就不能真实地了解材料的状态。这是因为，只要是相同材质的材料，所使用的材料越粗，强度就会越大。于是，出现了单位面积上所作用的力这一应力的概念。应力的出现，使我们不再需要去考虑，因为材料的粗或者细所形成的差异。一般地，应力用 σ（MPa）表示，也可以用外力 W（N）除以横截面积 A（mm^2）所获得的商值来表示［图1.3（a)]。

另外，如20cm的金属棒伸长1cm和1m的金属棒伸长1cm，即使是同样都伸长1cm长度，但其含义是不同的，处理的方法也不相同。这就是说，即使是相同的伸长量变化，但我们需要知道的是相对原有长度的伸长是多少。对原有长度的变形量称为应变。应变 ε 是用长度的变化量 Δl 除以原有长度 l 来表示［图1.3（b)]。

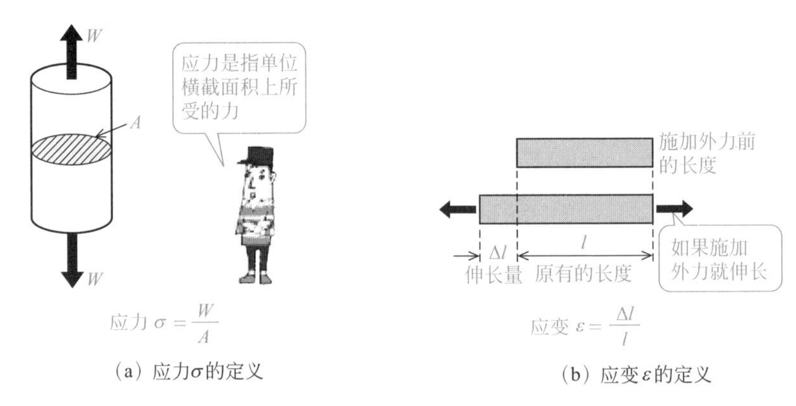

(a) 应力σ的定义　　(b) 应变ε的定义

图1.3　应力和应变的定义

$$\text{应力}\ \sigma[\mathrm{MPa}] = \frac{\text{载荷}W(\mathrm{N})}{\text{横截面积}A(\mathrm{mm}^2)}$$

$$\text{应变}\ \varepsilon = \frac{\text{长度的变化量}\Delta l}{\text{原有的长度}l}$$

另外，由于应变是长度除以长度所得的商，因此，应变没有单位。但是，有时会将其扩大100倍后，再用百分号%来表示。伸长量和外力的关系可以用应力和应变之间的曲线图表示。

图1.4给出了低碳钢的应力、应变之间的曲线。当给材料施加外力后，外力和伸长量在某一范围内成比例增加。只要是在这一范围之内，由于材料进行的是弹性变形，所以变形在去除外力时就会得到恢复。这一极限值称为弹性极限或者比例极限。若施加超过弹性极限的外力，则应力、应变之间就呈曲线关系，在这一范围内即使去除外力也会残留变形，这种残留变形称为永久应变。另外，在刚刚超过弹性极限的短暂时间内，存在应力不增加而只有应变增加的现象，这种现象称为屈服。将在这一区间的应力的最高点称为屈服点，此点的应力称为屈服应力。但是在实际中除了低碳钢外，很少有材料能够观察到明显的屈服点，因此，

将其他材料残留应变保持在一定值（0.2%）的应力就定义为相当于屈服应力的屈服点。

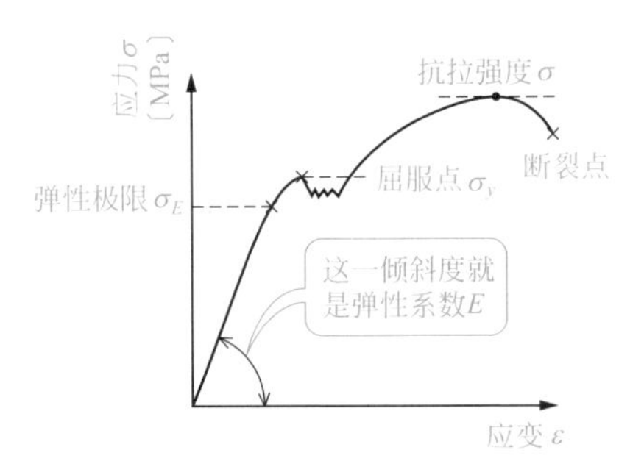

图1.4　低碳钢的应力–应变曲线

应力和应变在弹性限度范围内成比例，这一规律称为胡克定律。这种比例系数称为弹性系数，对于每种材料而言都有特定的值。将在正向应力σ作用时产生正向应变ε的弹性系数称为纵向弹性模量或者杨氏模量，通常用E表示弹性模量。

胡克定律　$\sigma(\mathrm{MPa}) = E\varepsilon$

主要金属材料的力学性能如表1.1所示。

表1.1　主要金属材料的力学性能

材料（JIS标号）	屈服点（屈服应力）/MPa	抗拉强度σ/MPa	纵弹性系数（杨氏模量）E/GPa
低碳钢（S20C）	＞245	＞402	192
高碳钢（S50C）	＞363	＞608	206
铸铁（FC200）	—	＞198	98
黄铜（C2600）	—	＞275	108
铝合金（A5052）	＞69	＞186	70.6
铝合金（A7075）	＞412	＞510	71.5

1.2 材料的试验

强度中最想知道的是抗拉强度

❶ 典型的材料试验有拉伸试验、硬度试验、冲击试验、弯曲试验等。
❷ 还有考虑交变载荷的疲劳试验以及考虑高温时蠕变的蠕变试验等。

(1) 拉伸试验

拉伸试验是沿着轴向拉伸试件，测量试件直到断裂之前的外力与变形量的关系。拉伸试验是为了掌握某种材料抵抗所施加外力的能力大小和在外力作用下变化情况的典型的材料试验（图1.5）。在这种试验中，能够获得材料的屈服点、屈服应力、抗拉强度、断裂强度、屈服伸长以及断面收缩率等。

在应力和应变曲线中，弹性系数越大的材料，曲线的倾斜度越陡峭。另外，富有延展性的材料，应力和应变之间的比例关系线上升之后马上形成曲线（图1.6）。

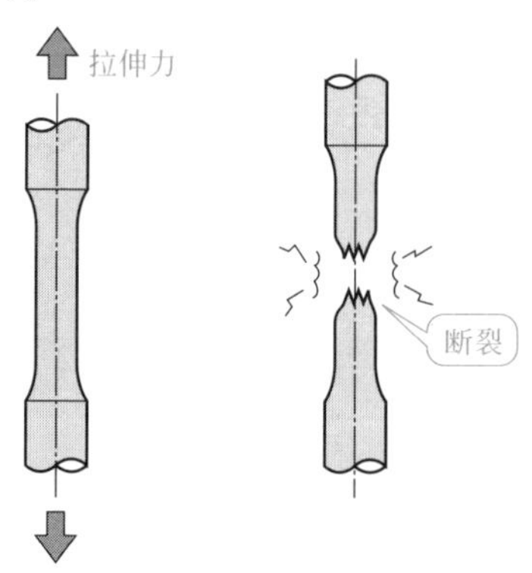

图1.5　拉伸试验

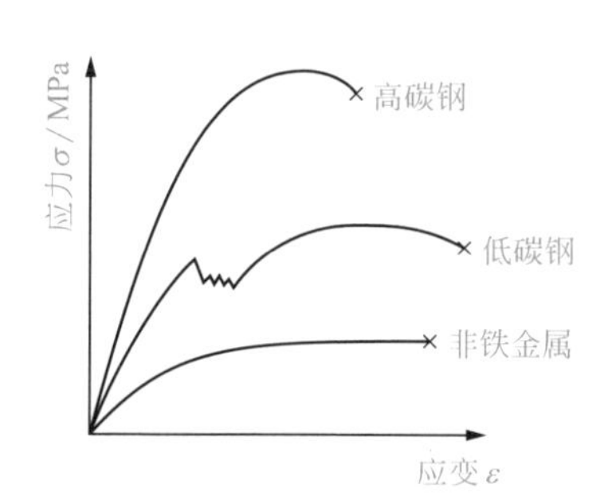

图1.6　应力和应变曲线的事例

在拉伸试验中，材料的长度从L_0变化到L时，长度变化的比例称为伸长率，其关系可用下式表示。

$$伸长率\ \delta = \frac{L - L_0}{L_0}$$

另外，材料的横截面积从A_0变化到A时，横截面积变化的比例称为断面收缩率，其关系可用下式表示。

$$\text{断面收缩率}\ \varphi = \frac{A_0 - A}{A_0}$$

(2) 硬度试验

硬度试验是经常进行的材料试验，它与拉伸实验是同等重要的。

硬度试验有两种方法，一种方法是用一定的试验外力将硬质的压头压入试验片或者产品表面，另一种方法是测量钢球等物体从一定的高度坠落时的反弹量（图1.7）。即，在采用压入压头的方法中，以相同的外力压入时所形成的压痕越大的材料被认定为越“软”。另外，在测量反弹量的方法中，某物体从相同高度坠落到试件时的反弹量越大的试件材料被认定为越“硬”。

图1.7　硬度试验的原理

将压头压入材料表面的压入硬度试验中，这种试验分为用钢球为压头在试样件表面形成压痕，并测量压痕直径的布氏硬度试验［图1.8（a)］；用正棱形的金刚石四角锥为压头在试样件表面形成压痕，并测量压痕的对角线长度的维氏硬度试验［图1.8（b)］以及用金刚石圆锥或钢球为压头在试样件表面形成压痕，并测量压痕深度的洛氏硬度试验［图1.8（c)］。另外，还有肖氏硬度试验，即给钢球一定的能量使其与试件的表面相碰撞，根据试件表面的反弹能量求出硬度的回跳硬度试验［图1.8（d)］。虽然各种试验的结果都是分别获得的数据，但经过换算也是能进行比较的。

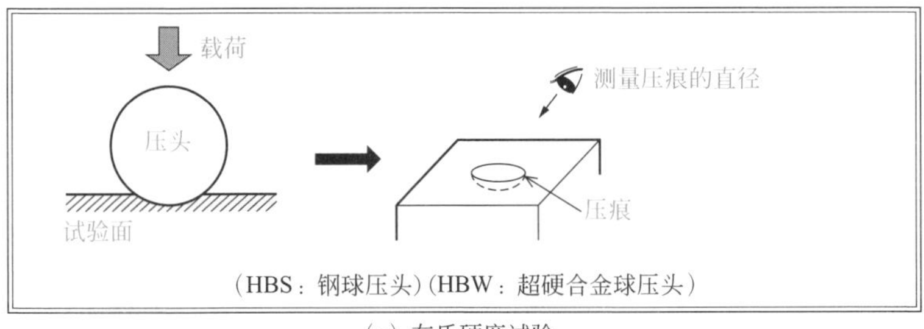

（a）布氏硬度试验

图1.8

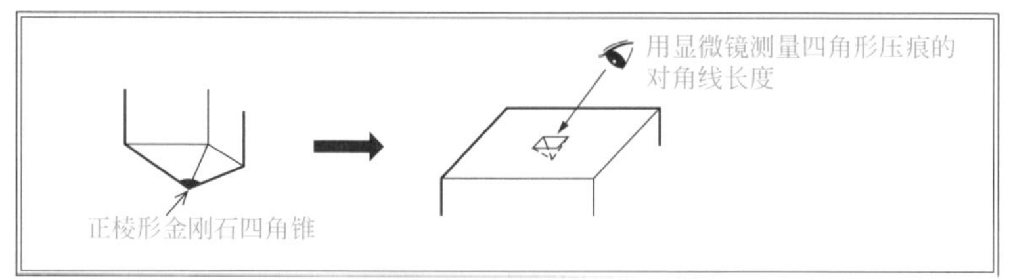

（b）维氏硬度试验（HV）

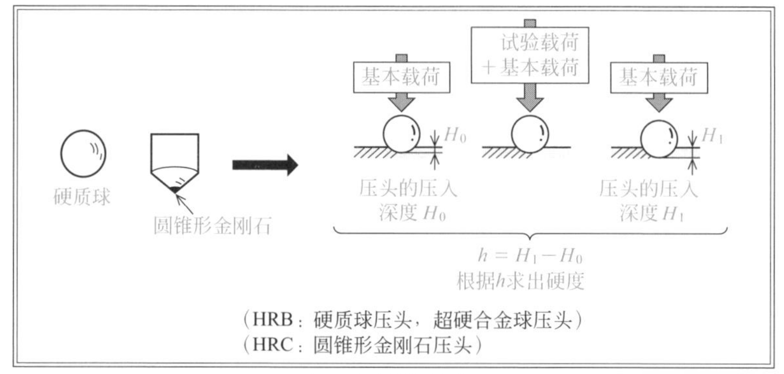

（c）洛氏硬度试验

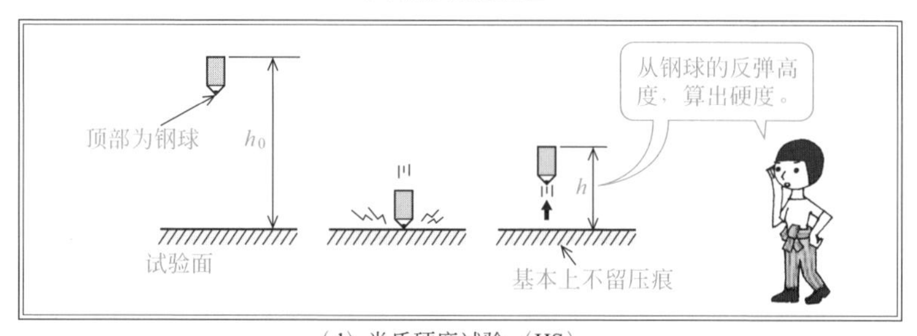

（d）肖氏硬度试验（HS）

图1.8 硬度试验

（3）冲击试验

冲击试验是为确定材料的韧性强度，对试件施加能够使其断裂的冲击外力，评价其断裂所需要的能量大小、断裂的形态、变形的状态、裂纹的进展变化等的试验。典型的冲击试验有夏比冲击试验和悬臂梁式冲击试验（图1.9）。

夏比冲击试验是通过从某一高度释放的摆锤给带有缺口的试件施加冲击载荷所获得的冲击能量进行的试验。换句话说，我们认为摆锤的释放角度和冲击试件后摆锤扬起角度之间的势能差就是试件断裂所需的能量。

越是韧性强度高的材料，通过冲击使材料断裂所需要的能量也越大，所以冲击后的摆锤扬起最大角度越小。如果是脆性材料，由于材料很容易断裂，因此摆锤的释放角度和扬起角度非常接近。一般情况下，硬的材料都很脆，但经过热处理后，能改变为硬度好、韧性强的材料。

悬臂梁式冲击试验也同样是评价材料抵抗冲击的性能的试验方法，但这种试验与夏比冲击试验的不同在于试件的形状以及施加的冲击力作用在试件有缺口的面。另外，悬臂梁冲击试验的试验机与夏比冲击试验机相比，能够施加的冲击能量一般都较小，多用于评价塑料的力学性能。

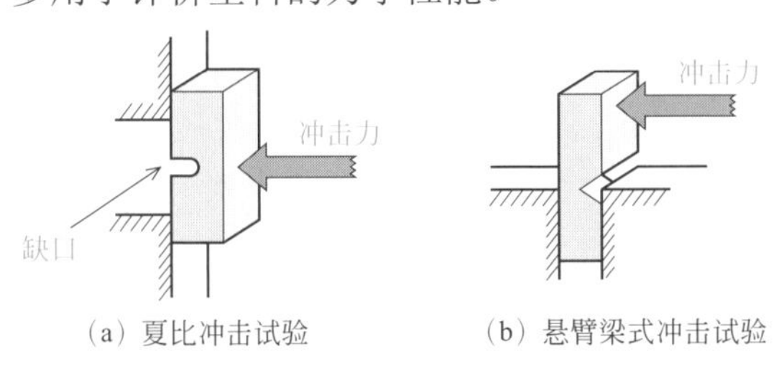

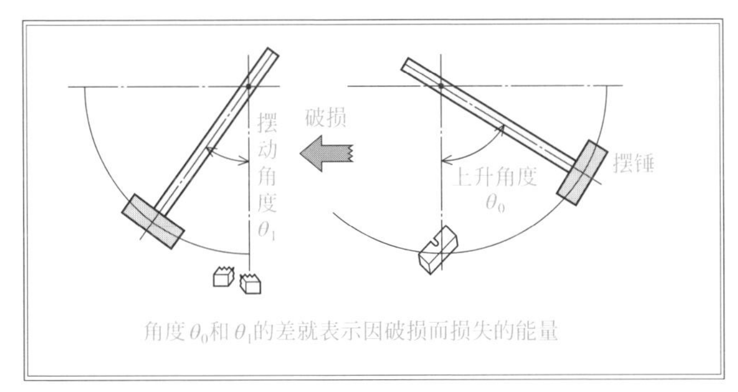

图1.9　提升角度和摆动角度

(4) 弯曲试验

弯曲试验是通过给板材等施加弯曲载荷，求解出载荷与挠度之间关系等的方法。在三点弯曲试验中，在由两个点支撑的棒状试件的中心部施加集中载荷，求解出此时载荷与挠度之间的关系等（图1.10）。四点弯曲试验是将试件放在两个支撑点上，并向试件的两处施加集中载荷，求解出此时载荷与挠度之间的关系等（图1.11）。

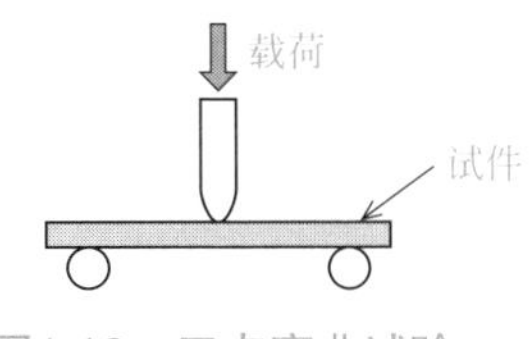

图1.10　三点弯曲试验

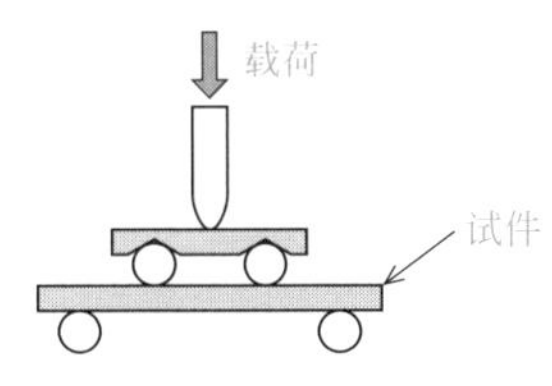

图1.11　四点弯曲试验

三点弯曲试验和四点弯曲试验的不同在于，三点弯曲试验是将试件折弯，各点的弯矩不同；四点弯曲试验是让试件的各点弯矩相同。两者的差异随着试件的变形量增加，会越来越明显。

（5）疲劳试验

材料的强度虽然能够通过拉伸试验等获得，但实际上材料在许用压力的范围内有循环作用力出现，即使是低于材料的许用强度的外力也能够使材料发生破损，这种现象称为疲劳。因此，我们需要掌握不发生疲劳破损的极限，也就是疲劳极限。

疲劳试验是给试件施加循环的拉伸外力，测量直到试件破损的循环加载次数的试验。试验结果是将基于试验前的试件横截面积求出的循环应力和直至试件破损的循环次数之间的关系用曲线表示（图1.12）。

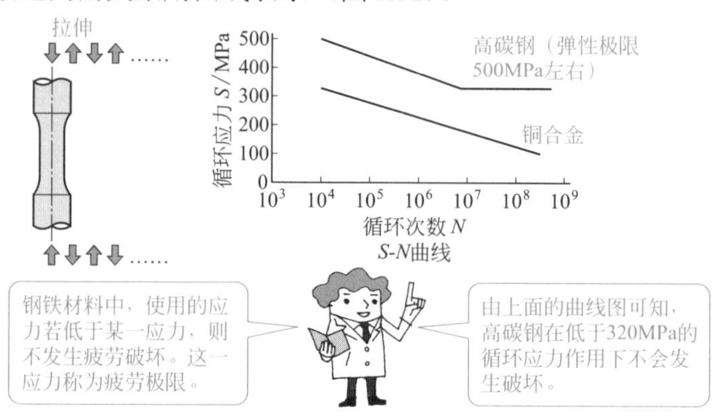

图1.12　疲劳试验

（6）蠕变试验

金属材料在高温状态下被外力作用时，其塑性变形会随着时间的推移而缓慢增加，另外，塑料材料在一定外力的长时间作用下，变形会随着时间的增加而增大，最终超过材料的极限而破损，这种变形称为蠕变。以金属材料为例，蠕变在火力发电设备中的锅炉或者涡轮机以及石油化工设备中的压力容器等大型高温设备中将成为严重的问题。

蠕变试验是给加热到高温的试件施加一定的外力，测量材料的蠕变量随时间的变化和直至试件破坏的时间（图1.13）。试验方法是给单轴拉伸试件施加一定的外力，长时间放置，测量试件直至破损的时间，通过改变应力能得到一组蠕变曲线，用图表表示测量结果。根据试验结果的曲线能知道直至破损前的时间和应力之间的关系。

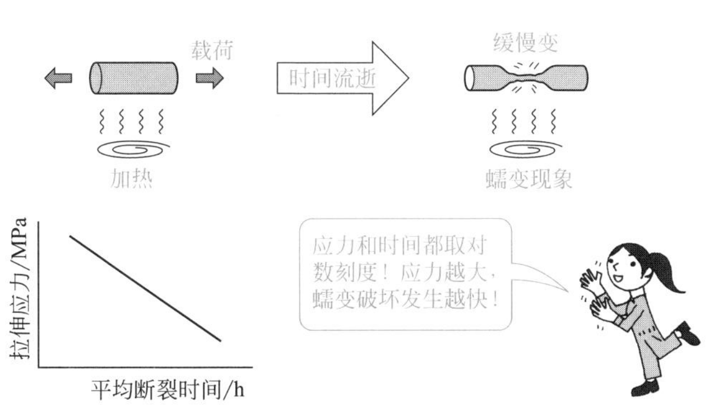
载荷
时间流逝
缓慢变
加热
蠕变现象
拉伸应力/MPa
平均断裂时间/h
应力和时间都取对数刻度！应力越大，蠕变破坏发生越快！

图1.13　蠕变试验

1.3 材料的检测

分析材料的表面状态，可以获得各种有用的信息

❶ 通过显微镜观察组织结构，能够看到材料的晶粒大小、形状以及伤痕等缺陷。

❷ 材料的检验方法有断面观察、宏观组织观察、磁粉探伤检查、X射线检查、超声波检查等。

（1）利用金属显微镜进行组织结构的观察

为了掌握材料表面的状态，使用金属显微镜进行组织结构的观察。通过金属显微镜可以了解到材料的晶粒大小、形状以及伤痕等缺陷。

另外，通过观察断裂的材料的横断面，能够推测这一材料的破损原因。具体的观察方法如图1.14所示。

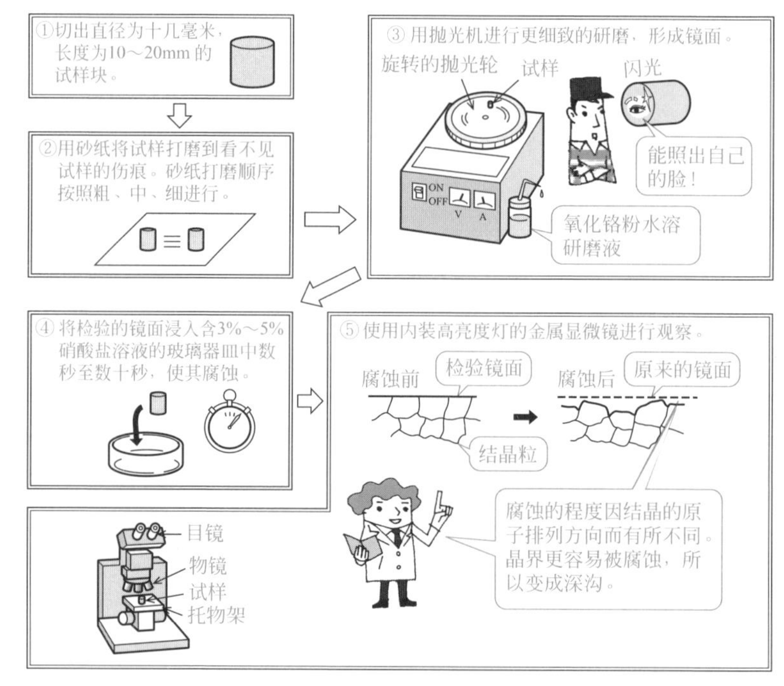

图1.14　利用金属显微镜进行组织观察

（2）其他检测分析方法

材料的检测是将材料特性的分析结果与判定标准进行比较，从而判定合格与

否的方法。虽然严格地区分检测与试验的差别是困难的，但试验是检测的手段之一，是为了分析材料特性而进行的。在这里，我们介绍几个非常典型的材料检测方法。

① 断裂面的检测分析

通过观察材料的断裂面，能够了解材料是因什么原因而断裂的。这种方法称为断面检测（图1.15）。

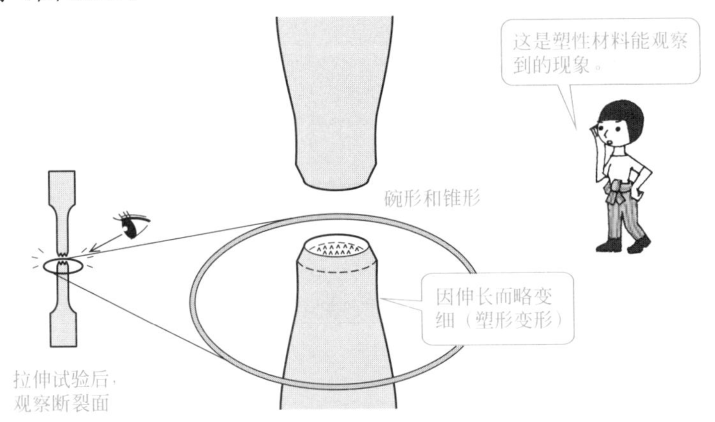

图1.15 断裂面检测分析

金属材料发生拉伸断裂后，一般能够观察到酒窝形的网状断裂面。这是因为其断裂部位发生局部性的拉伸和收缩而损坏，发生酒窝形的断裂称为塑性断裂。在这种情况下，断裂面的中心部位平整，断面随着向周边的进展而逐渐倾斜。另外，从断裂面整体来看，断裂的材料的一方呈凹状的碗形，另一方则相反呈凸起的锥形，这种断裂现象称为碗形和锥形。另外，在低温时断裂面有时会被细的直线状的条纹分割，发生具有断口平滑特征的脆性断裂。进而，承受冲击载荷的金属材料将会出现几乎不发生塑性变形的瞬间断裂。

断口显微镜检查法是通过观察断裂面，确定断裂面形态的分析方法，这是材料分析的基础。但是在实际情况中，大多数断裂形态都是极其复杂的，因此，在断口显微镜检查过程中，技术人员的经验和观察能力尤为重要。

② 宏观的组织分析

采用研磨或者腐蚀液处理的方法来观察材料的表面，达到用肉眼能观察金属组织或者缺陷的分布状况等的情况，这种方法称为宏观组织分析（图1.16）。与之相对应的，使用显微镜进行组织观察的则称为微观组织分析。

③ 磁粉探伤检测

当对预期会有裂纹存在的铁磁性材料的试验物体进行磁化，有裂纹存在的部位就会变成小磁体，致使铁磁性的试验物体变为磁铁。这是因为向这个已成为磁铁化物体的裂纹存在的部位涂覆磁粉这一强磁性的微细粉末，磁粉就会吸附在有

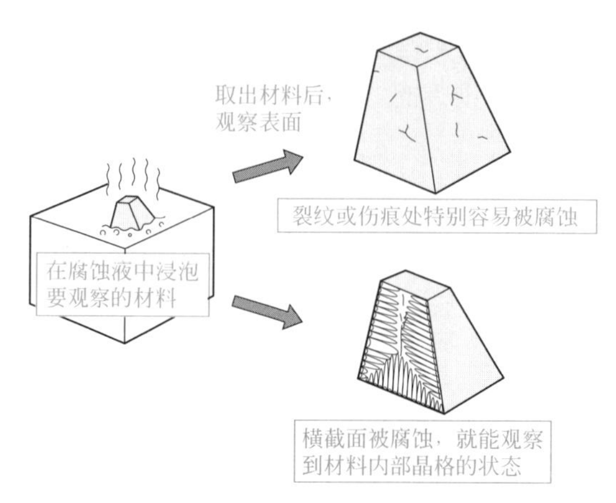

图1.16　宏观组织分析

裂纹的部位。通过观察这个磁粉磁痕的状态，就能够知道有裂纹存在的部位是在物体表层的哪个位置。这种方法称为磁粉探伤检测（图1.17）。

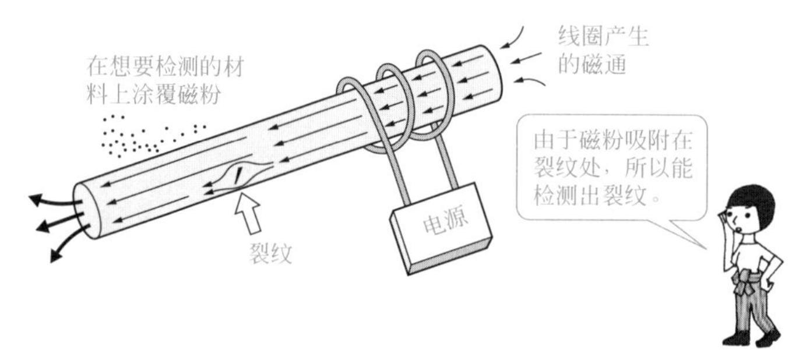

图1.17　磁粉探伤检测

④ X射线透视检测

X射线透视检测是指利用透视能力强的X射线，为检测出材料或者结构物内部的裂纹（或缺陷），所进行的内部结构的调查（图1.18）。这种检测有着非常好的优点，例如使用X射线底片能够获得缺陷的永久性记录照片，并能够辨别出缺陷的类型以及形状等，因此，常被应用于焊接缺陷的检测等。但是，此项检测对于射线需要充分的安全管理。

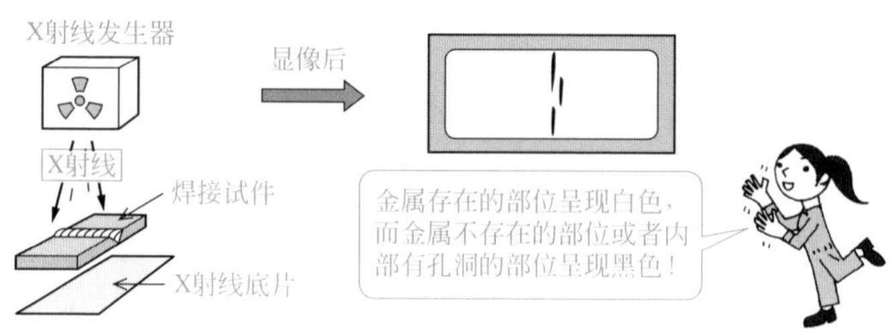

图1.18　X射线透视检测

⑤ 超声波检测

人类所能够听见的声波频率为20～20000Hz，而将频率超过20000Hz的人类听不见的声波称为超声波。超声波在金属之类的物体中传播时，声波的强度差异取决于它的方向特征，具有显著的指向性，形成轮廓清晰的集束直线前进。

另外，超声波在不同物体界面或者空隙中具有反射的性质。利用这一性质能用超声波检测出被试验物体的内部缺陷，测定出其位置和大小。这种检测方法称为超声波检测（图1.19）。

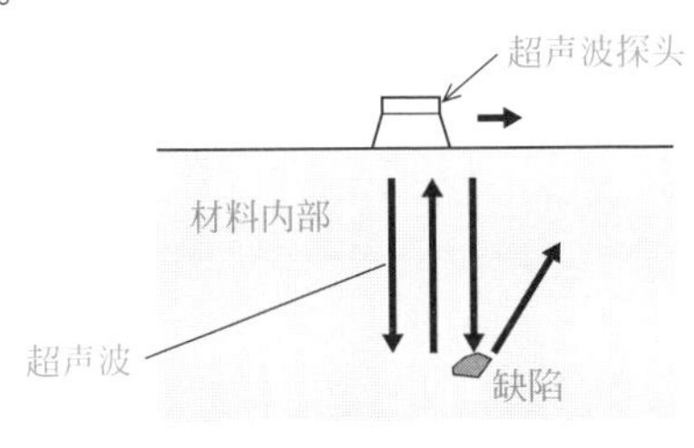

图1.19　超声波检测

1.4 机械工程材料和温度

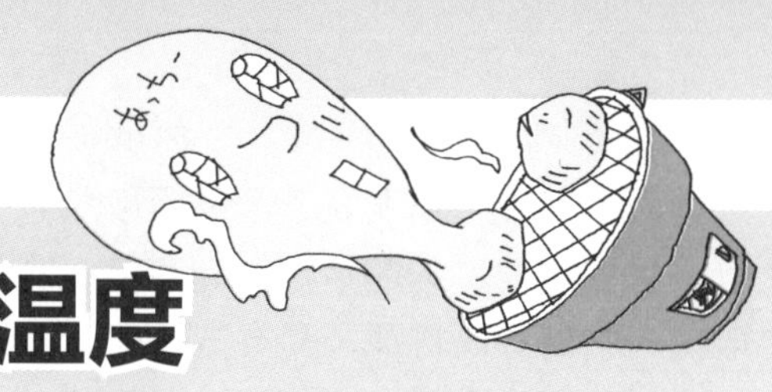

因材料的热膨胀而使发动机处于很危险的状态！

❶ 由于机械工程材料在高温下使用的情况较多，因此，必须要注意热的影响。
❷ 因温度变化而产生的应力称为热应力。

（1）热应力

金属在热作用下具有膨胀的性质。例如，当杆的两端固定时，杆一旦被加热就会膨胀，而冷却后就会收缩。在这种场合下，被固定的杆上就会分别有压缩应力和拉伸应力的作用。这种随着温度变化而产生的应力称为热应力（图1.20）。

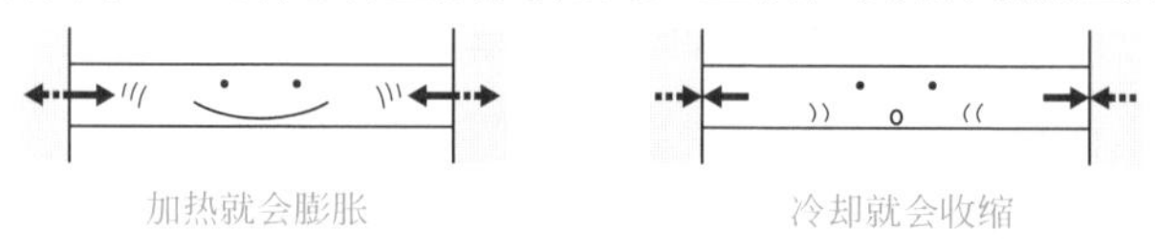

图1.20 热应力

众所周知，铁路上的各钢轨之间都有间隙，这是为了避免夏天的高温引起各钢轨发生膨胀而出现相互顶撞，使得钢轨弯曲。在汽车的发动机等的热力机中，由于无法像轨道那样预留间隙，因此，需要更严格地控制因热所造成的影响。

（2）热膨胀率

为了掌握热应力，必须熟悉各种材料相对于温度的变化所引起的伸长或收缩的量。某种物体的长度或者体积随着温度上升而膨胀的比例，是以1K（绝对温度）为单位表示的物理量称为热膨胀率，单位为1/K。

图1.21 热膨胀

如图1.21所示，热膨胀率有线膨胀率和体积膨胀率两种。线膨胀率（或者线膨胀系数）表示的是随着温度的上升所对应的长度的伸长比率；体积膨胀率表示的是随着温度的上升所对应的体积的增加比率。在此，我们详细说明线膨胀率。长度为L的金属棒被加热后，当温度从T开始变化为T'，温度仅上升了ΔT时，金属棒只伸长了ΔL。将这种关系用线膨胀率α（1/K）表示，这一关系就如下式所示。

$$\Delta L = \alpha L\ \Delta T\quad [\mathrm{mm}]$$

在这种场合下，如果金属棒的两端被固定住，金属棒就会因被压缩而产生热应力σ。利用上式和胡克定律来表示这种热应力σ，就可以获得下式。式中，E为材料的弹性模量（纵向弹性模量），ε为应变。

$$\sigma = E\varepsilon = E\alpha\ \Delta T\quad [\mathrm{MPa}]$$

主要的机械工程材料的线膨胀率如表1.2所示。在这里，仅仅通过钢和铝的比较，就能够发现线膨胀率的差异。另外，从表中可以看出作为耐热材料使用的陶瓷材料中的典型的物质氮化硅的线膨胀率很小。

表1.2　主要的机械工程材料的线膨胀率

（1/K）

钢	$(9.6\sim11.6)\times10^{-6}$
铝	23×10^{-6}
黄铜	19×10^{-6}
镍	13×10^{-6}
氮化硅	3.2×10^{-6}

热应力在线膨胀率大的材料与不同的材料黏合使用时也会出现问题。换句话说，不同的材料在常温下黏合，将其在高温下使用时，由于不同材料随温度上升的热膨胀率不同，因此会出现相互抑制变形，从而产生热应力。

（3）热导率

在产生高温的热力机中，为防止发生因高温热量滞留在热力机内部而导致损坏的事故，这就需要对热力机进行散热。当加热钢板的一角时，就会发生热量逐渐传递到整个钢板的现象，这种热量从高温侧向低温侧进行传递的现象称为热传导。而热导率是表示热量传递的难易程度的物理量，它是表示在单位长度（厚度）的温度差为1K时，单位时间内在单位面积上所移动的热量（图1.22）。换句话说，在体积为$1\mathrm{m}^3$的立方体中，当高温侧A和低温侧B的温度差为1K（$T_A > T_B$）时，1s内从面A向面B移动1m的热量就是热导率。

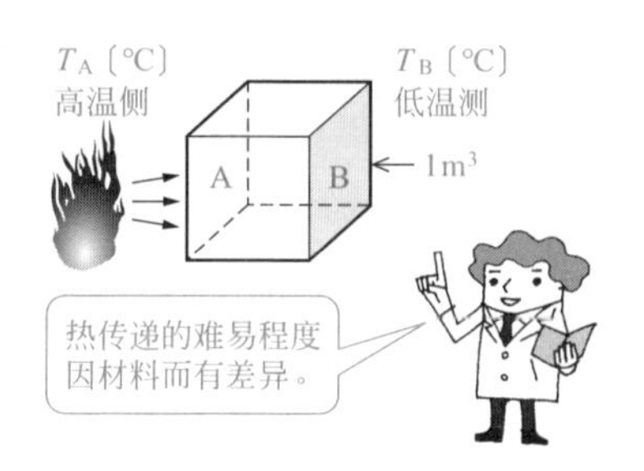

图1.22　热导率

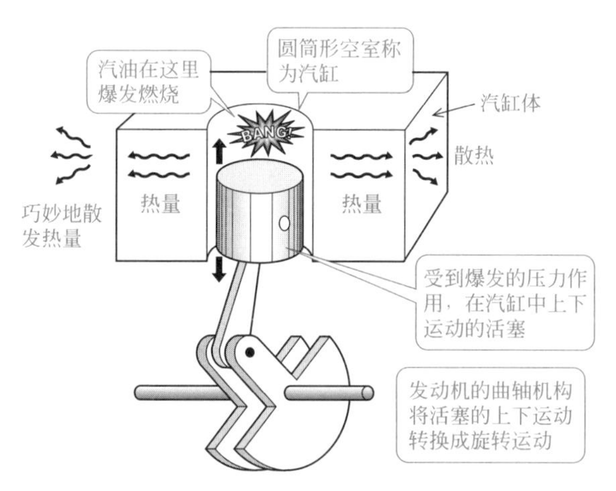

图1.23　发动机的热传导

热导率的单位用$\frac{W}{m\cdot K}$[移动的热量÷（长度×温度）] 表示，热导率的数值越大，单位时间能移动的热量越多，就越容易传递热量。如果换句话说，就是作为散热材料时希望使用热导率大的物质（表1.3）。

表1.3　主要的机械工程材料的热导率

[W/（m・K）]

钢	80.2
铝	237
铜	401
金	320
银	428
铂	70
玻璃	1
水	0.6
氮化硅	20～28

另外，热导率也被定义为单位面积内热量传递的速度正比于温度变化率，这

就是傅里叶定律。

机械工程材料使用较多的是金属、陶瓷以及塑料等，其线膨胀率和热导率的相互比较如图1.24所示。

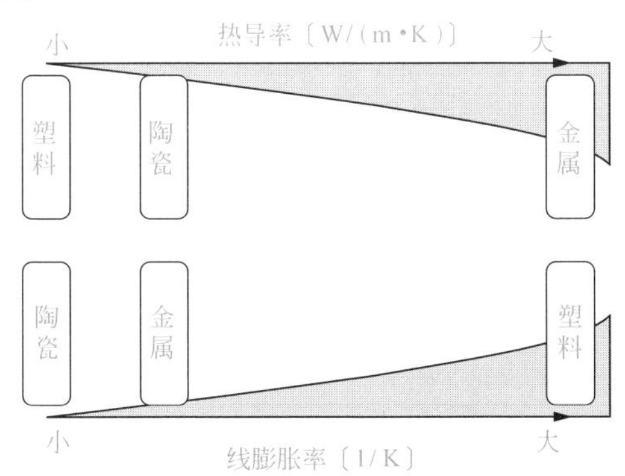

图1.24 机械工程材料的线膨胀率和热导率

习题

习题1.1 试列举出我们常用材料的5个力学性能。

习题1.2 简述弹性变形和塑性变形的区别。

习题1.3 将横截面积为150mm^{2}的圆棒作为试件，求解出当试件承受900kN的拉伸载荷时的应力有多少。

习题1.4 在拉伸试验中，求解出长度为20cm的试件，伸长4mm时的应变。

习题1.5 简述胡克定律和纵弹性模量分别是指什么。

习题1.6 在硬度试验中，有将硬质的压头压入材料的方法和从一定的高度使钢球坠落测量其反弹量的方法。试回答其各自的最典型的试验名称。

习题1.7 简述夏比冲击试验是一种怎么样的试验。

习题1.8 简述蠕变试验是一种什么样的试验。

习题1.9 在高温场合下使用机械工程材料时，简述必须考虑因热产生的哪些影响。

习题1.10 按照热导率由大到小的顺序排列铁、铝、铜。

第2章

机械工程材料的化学和金属学知识

机械工程材料是由以金属为主的元素组合而构成。

为此，我们需要理解和掌握金属中的原子状态以及晶体结构等的化学性质。

特别是要能够读懂平衡状态图。

2.1 原子结构和元素周期表

物质的性质取决于它的原子的结构

❶ 原子是由原子核和电子组成，包含带负电的电子（-）和数量相同的质子（+）以及电中性的中子。电子围绕原子核在周围的轨道上高速旋转运动。

❷ 在元素周期表中，横向排列的行称为“周期”，纵向排列的列称为“族”，性质相似的元素在周期表中以纵向排列。

（1）原子的结构

机械工程材料的基本特征取决于构成材料本身的原子（图2.1）。原子是由位于原子中心的带正电荷（+）的原子核和围绕在原子核周围运动的带负电荷（-）的电子构成。进而，原子核是由带正电荷的质子和不带电荷的中子构成。从原子的整体角度来看，电子的数量和质子的数量相同，一般原子呈现电中性。电子的数量是由元素的类型决定的，称其为原子序数。例如，碳的原子序数为6，氧的原子序数为8，铝的原子序数为13，铁的原子序数为26。

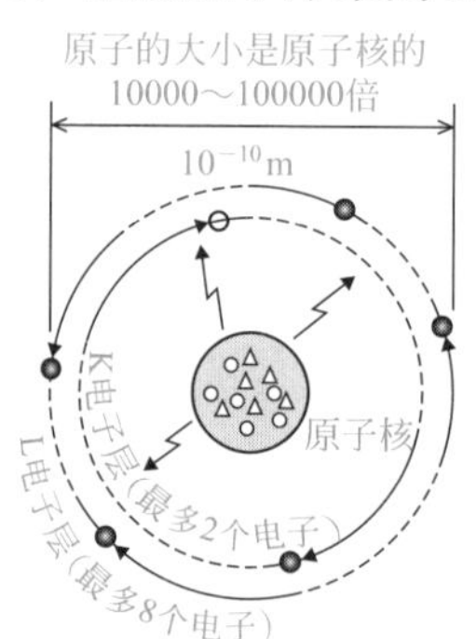

○ 质子（带有正电荷）
△ 中子（不带电荷，质量基本与质子相同）
● 电子（带有负电荷，质量为质子的1/1840）

图2.1 原子的结构模型

电子并不能在原子核的周围自由地飞行，而是以所规定的空间为中心在其周围进行分布。这种特定的空间称为电子层，按距离原子核内侧由近及远的顺序，电子层有K层、L层、M层等之分。假设从内侧开始定义的轨道顺序为n=1，2，3…各层的电子分布数量就是$2n^2$，能够进入各电子层的电子数就分别为2，8，18。原则上，电子要从内侧的K层开始，按照顺序逐渐进入L层、M层等。

（2）元素周期表

元素按照原子序号进行排列，性质相似的元素就会周期性出现，将这种现象称为周期律。为此，按照周期律进行元素排列的表称为元素周期表，这是门捷列夫在1869年首先总结而得出的，他将当时已知的约60种元素进行了排列。现在，元素周期表上记载了118种元素（以后再回顾）。日本理化学研究所仁科加速器中心的超重元素研究课题组的森田浩介团队所发现的元素，在2015年12月被认定为新元素，并具有了新元素的命名权，于是，新元素在2016年被命名为"Nihonium（鉨）"，元素符号确定为"Nh"。

将元素周期表中的纵向排列的列称为族，共有18族。1～2族既是族的序号，也是该族元素旋转在最外层电子轨道的电子数，电子成为影响元素化学反应的最大的因素。这时的价电子数与电子数相同。在12族～17族中，价电子数则是从族的序号减去10之后所得的数目。将元素周期表的横向排列的行称为周期，从第1周期到第7周期共有七个周期。元素的性质有按周期变化的趋势。

在元素周期表上，元素分为47种典型的元素（IA～VIIIA族）和56种过渡的元素（IB～VIIIB族）。典型元素中的同族元素的价电子数量相同，而在过渡元素中，即使原子序数增加，价电子数量也为通常的2个，并且电子从最外的电子层向最接近它的内侧电子层增加电子。

另外，在元素周期表中，能够按照金属元素和非金属元素进行分类。过渡元素都是金属元素，而典型元素则包含金属元素和非金属元素。族越小、周期越大，金属性的表现就越强。另外，由于位于金属元素和非金属元素分界附近的元素具有与酸和碱两者都能反应的性质（或称为两性），因此将其称为两性元素。

从化学角度来看，作为机械工程材料经常使用的铝、锌、锡等就不是金属元素，而是两性元素。

在本书中，后续将使用元素符号来表示元素。

2.2 化学键的类型

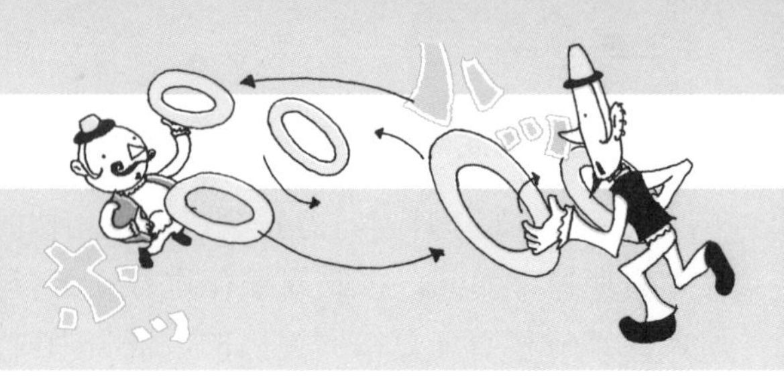

金属间共享的离子构成化学键

❶ 强化学键有离子键、共价键、金属键。

❷ 弱化学键有分子间力、氢键。

(1) 离子键

在库仑力这一电引力的作用下，阳离子和阴离子的结合称为离子键（图2.2）。例如，在食盐（氯化钠，NaCl）中，Na原子释放出1个价电子而成为Na^+，Cl原子因接收1个价电子而变为Cl^-。由于离子键结合的结合力非常大，通过热运动破坏晶格结构就需要高温。因此，通过离子键结合的离子晶体的熔点和沸点都高，而且硬，但是如果这种元素的晶格排列一旦错位，相互间就排斥，具有易碎的性质。

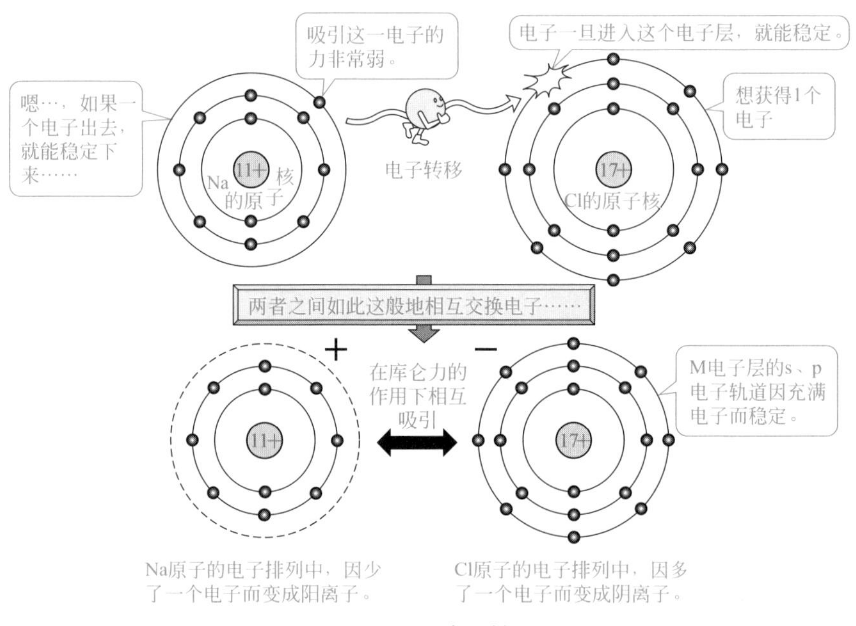

图2.2 离子键

(2) 共价键

相互结合的原子的双方分别提供1个价电子（称为未成对电子），双方的原子间通过共用这两个价电子而形成的结合称为共价键（图2.3）。氢分子H_2是各原子中的1个价电子和其他的原子核相互吸引。共价键与离子键结合力同样强，是非金属原子间的结合，因此，共价键晶体的熔点和沸点都高，且极其硬，但因为没有自由的价电子，所以没有导电性。

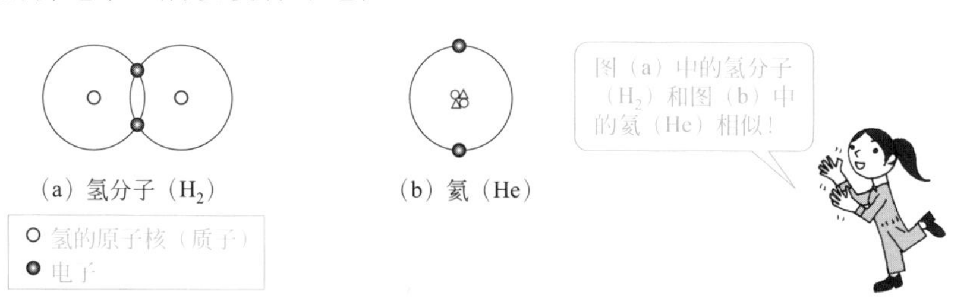

图2.3　共价键

金刚石的晶体是由1个C原子与相邻的4个C原子通过共价键而形成的立方晶体构成的巨大分子［图2.4（a）］。因此，这种物体极其硬，而且没有导电性能。但是，石墨虽然也是属于金刚石的同素异形体（Graphite），却具有与金刚石相反的既软又能导电的性质。这是因为六个碳原子在同一平面上，构成了正六边形的环，从而形成了相互重叠的片层结构［图2.4（b）］。这时，4个价电子中的3个结合在共价键中，而另外1个价电子却能在晶体内自由移动，这种功能使其容易导电。

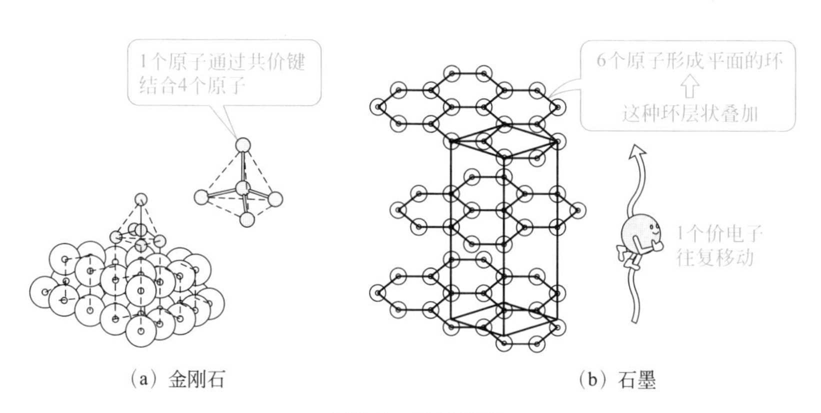

图2.4　晶体结构

（3）金属键

金属原子彼此相互提供价电子而成为阳离子，这种价电子作为自由电子在金属离子之间往复移动而构成的结合称为金属键（图2.5）。

换句话说，在金属键中的所有原子共享自由电子。

本节将对机械工程材料之中经常使用的金属特性进行归纳总结。

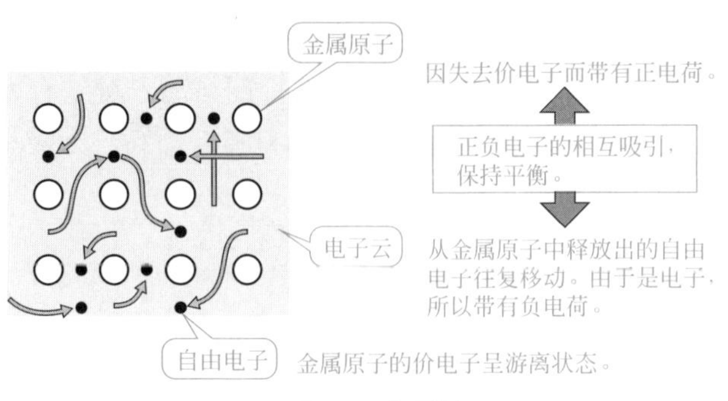

图2.5　金属键

① 沸点和熔点高

因为金属键的结合力强，使其具有沸点和熔点高的特点。另外，除水银以外的金属，在常温状态下都是固态。

② 密度大

由于金属的原子核的质量数多，而且缺乏共价键那样的方向性。因此，原子质量被排列紧密地堆积在金属内，以至于金属的密度通常比较大。

③ 容易导电和传热

由于自由电子可以在晶格内自由移动，所以，金属的导电和传热性能都比较好。性能特别好的有Al、Cu、Ag、Au等。

④ 良好的塑性

金属是通过自由电子形成结合的，结合力没有方向性。于是，当有外力作用时，力向所有方向作用的效果相同，原子之间容易错位。由此，金属的延展性能好。

⑤ 具有金属光泽

在金属中，大量存在的自由电子具有反光性，致使金属表面容易发生反射。而且由于各种金属的反射程度不同，因此，每种金属都具有其独特的金属光泽。

（4）分子间作用力

将存在于分子间而作用得微弱的力统称为分子间作用力（范德华力），因分子间作用力而规则排列形成的结晶物体称为分子晶体（图2.6）。分子晶体由于结合力弱而容易损坏，所以其熔点和沸点都低，而且大多数也容易升华（物体从固态变为气态的现象）。

例如，二氧化碳的分子规则排列形成的干冰，若放置在常温下，就不会变为液体而是直接变成气体。另外，在杀虫剂中使用的萘也是分子结晶体，极其容易升华。

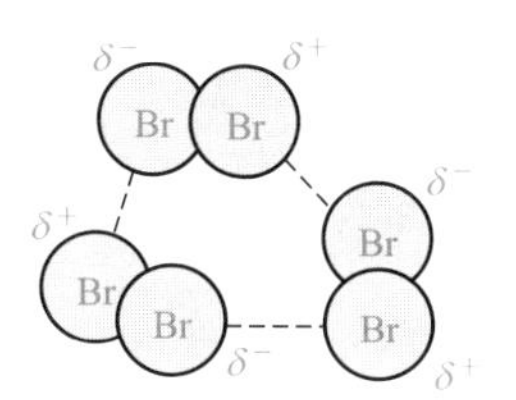

图2.6　分子间结合

（5）氢键

原子在化学键中所吸引价电子的能力称为电负性。氢原子（H+）和电负性大的原子的结合称为氢键，这种结合通常比分子间作用力的结合要牢固。水（H_2O）或者氟化氢（HF）的沸点，之所以明显高于其他同族元素的氢化物，就在于它是氢键结合的（图2.7）。

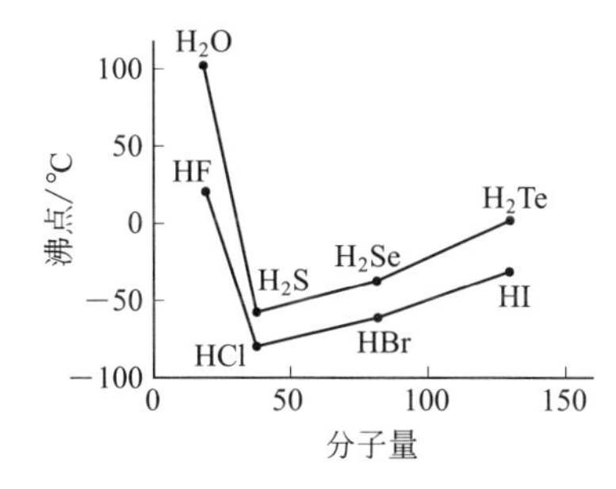

图2.7　氢化物的分子量和沸点

2.3 金属的晶体结构

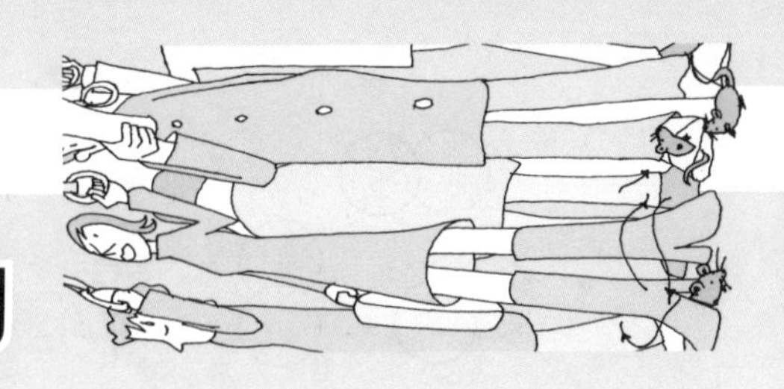

变形程度因晶体的形状而变化

❶ 金属的晶体结构有体心立方、面心立方以及密排六方之分。
❷ 晶体中有单晶体和多晶体之分。

金属是由大量的原子规则排列所构成的，称其为晶体（crystal）。晶体的组合方式称为晶体结构，其排列称为晶体格子（图2.8）。

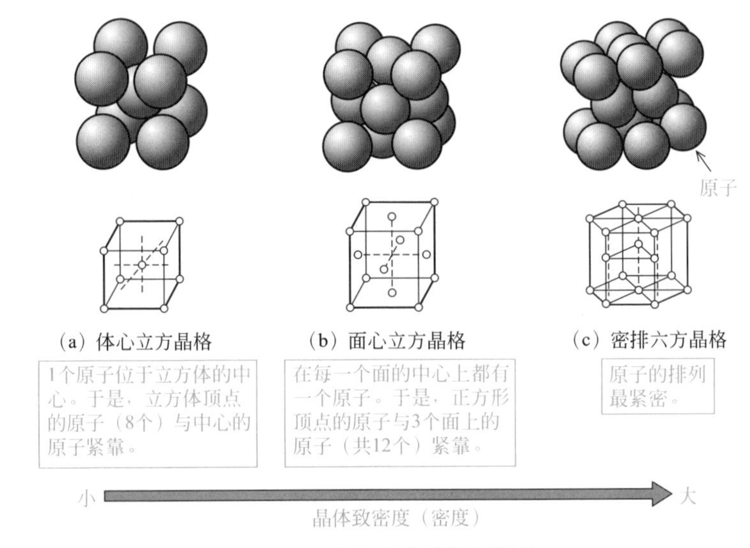

图2.8 金属晶体的格子结构

金属的晶体结构有体心立方晶格、面心立方晶格、密排六方晶格之分，各自的物理性质不同。在晶体格子中，1个原子所邻接的原子数目称为配位数，配位数取决于晶体的类型。

体心立方晶格的晶胞是在立方体的每个顶点都有1个原子，而且1个原子位于立方体中心的晶体排列格式。有这种晶格结构的金属稳定性好，因此，熔点高，虽然其塑性差，但相对地此类金属大多有良好的金属强度。晶格的原子配位数为8，Cr、Mo、Li、Na、K、V、Ba、W以及常温下的Fe等，都具有这种晶体结构。

面心立方晶格的晶胞是立方体的每个顶点都有1个原子以及每个面的中心都

有1个原子的晶体排列格式。这种晶格结构的金属，虽然大多相对地强度差，但由于错位而使塑性好。晶格的原子配位数为12，Al、Ni、Cu、Sr、Ag、Pt、Au以及高温时的Fe等，都具有这种晶体结构。

密排六方晶格的晶胞是指在一个平面上呈六角形紧密排列的7个原子构成的层和位于这层凹陷处的3个原子构成的层所组成的晶体排列格式。这种晶格结构的金属因为原子堆积紧密，因此塑性和强度都不好的较多。晶格的原子配位数为12，Mg、Be、Sc、Zn、Cd等，都具有这种晶体结构。

另外，每个晶体格子中的原子数量分别可按图2.9所示求解。

	体心立方晶格	面心立方晶格	密排六方晶格
晶体格子	$\frac{1}{8}$个 1个	$\frac{1}{8}$个 $\frac{1}{2}$个	$\frac{1}{2}$个 $\frac{1}{6}$个 合计1个
原子的数量	$\frac{1}{8}\times8+1=2$	$\frac{1}{8}\times8+\frac{1}{2}\times6=4$	$\frac{1}{6}\times12+3+\frac{1}{2}\times2=6$

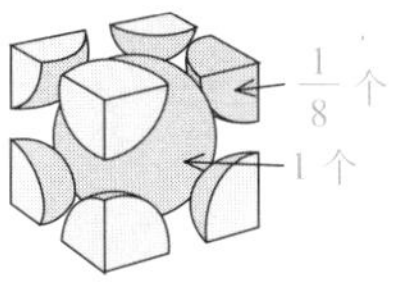

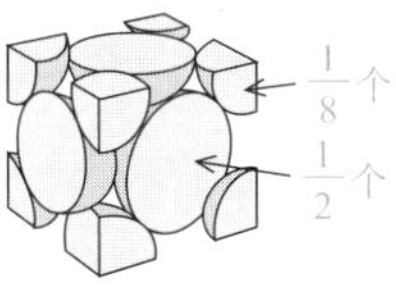

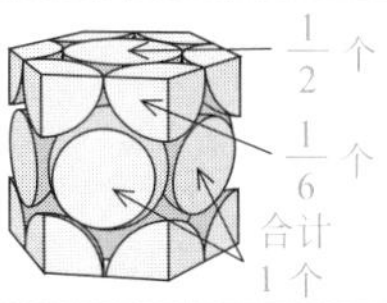

图2.9　晶体格子和原子数量

实际的材料是由这些晶体格子在空间反复累加而组成的，这种反复累加的数目足够大就形成晶体。在这里，所谓的足够大是指6.02×10^{23}这一阿伏伽德罗常数，定义1mol（摩尔）所含的粒子数为6.02×10^{23}。

将整个晶体作为一个完整的物体进行分析，不包含缺陷或者不纯物的完全晶体称为完整晶体（或单晶体）[图2.10（a）]。但是，在实际的金属晶体中，完全排除缺陷和不纯物是不可能的，实际上的整个晶体是由许多微小的晶体无序排列集合而成，将这种晶体称为多晶体［图2.10（b）]。

举例说明，我们分析熔化后的金属被冷却凝固的过程发现，晶体并不是以某处的一点为核心完美形成的，而是以多个部位为核心形成单位晶胞，并各自独立生长。独立生长的晶体之间会各自在某处相互接触。这种情况下，由于晶体在空间上不能实现完整地接合，从而在接触处会产生缝隙，这就是缺陷。单晶体之间的边界称为晶界。实际的晶体缺陷是必然存在的，并会对各种材料的性能产生巨大的影响。另外，金属容易成为多晶体往往是其所含的不纯净物的原子起到晶胞的作用。

虽然理想状态的单晶体是不存在的，但减少缺陷的数量是可行的。例如，作为半导体材料使用的硅片，可以按要求将分子结构杂乱分布的多晶体状态的天然硅（硅，Si）改性为分子结构整齐排列的单晶体状态的硅材料。典型的制造方法

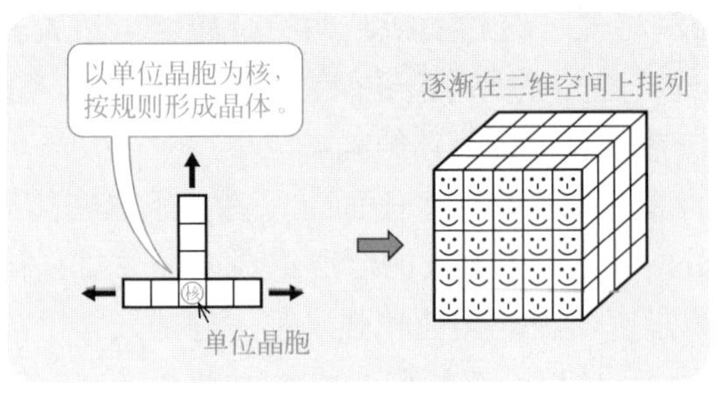

（a）单晶体

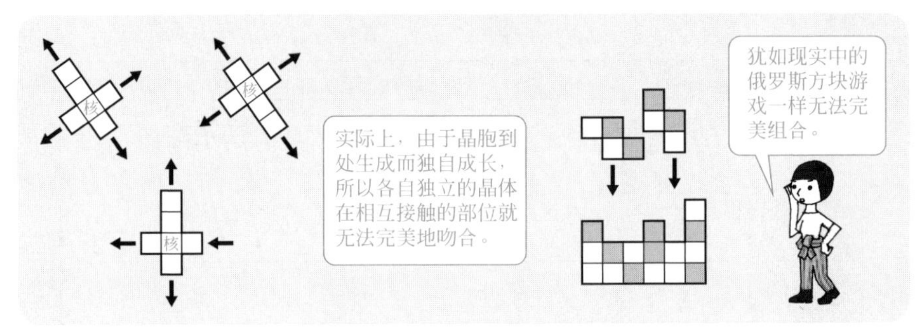

（b）多晶体

图2.10　单晶体和多晶体

是图2.11所示的直拉法（czochralski，CZ方法），如垂钓的渔线那样地向坩埚中熔化的硅中放入籽晶，将籽晶插入熔体表面进行熔接，然后在转动籽晶的同时缓慢向上提升籽晶，由此就能得到几乎没有缺陷的单晶体硅锭（近似圆柱形的固体）。这种状态的硅纯度可达99.9999999999%（小数点后有10个9）。

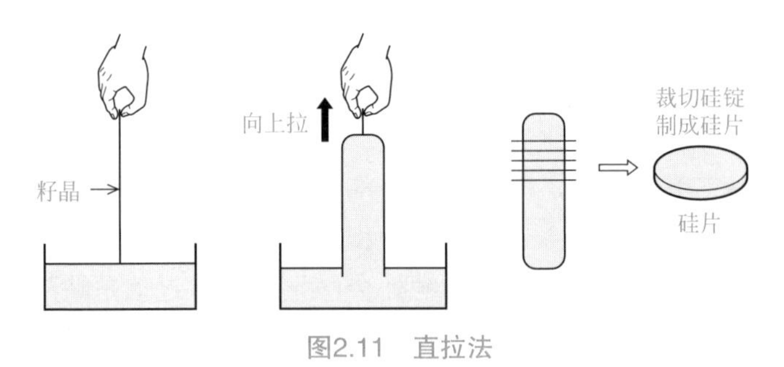

图2.11　直拉法

玻璃或者陶瓷是非晶质（或者无结晶合金）的固体，不能形成晶体（图2.12）。即使是金属，如果在1s内对材料进行1000000℃的超急速冷却，结晶体就没有时间来形成规则排列，将会在结晶内部留存液体的状态下变成固体，并形成具有无序原子排列状态的非晶质金属。

非晶质金属与普通金属相比，具有强度高、柔软、非常难生锈以及磁性良好等显著特性，因此，灵活地应用非晶质金属的这些优点，可以快速推进非晶质金属在太阳能电池和薄膜晶体管等领域的实用化。虽然应用之初只能制造出薄条带状的非晶质金属，但是现在已开发出板块状的非晶质合金，其用途正在推广。

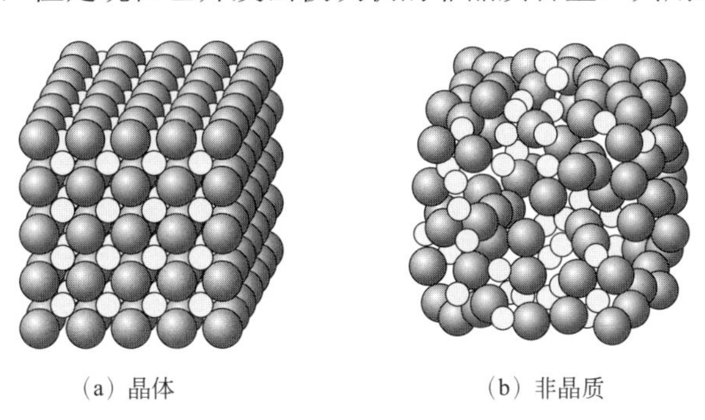

图2.12　晶体和非晶质

2.4

物质的状态变化

物质能够呈现为气态、液态或固态

❶ 物质分为气态、液态、固态三种状态。
❷ 在金属的状态变化中，尤其需要注意它的凝固过程。

物质可以转化为能够呈现的气态、液态、固态中的任意状态，将其称为物质的三态（图2.13）。也就是说，气体状态是指各分子（或原子）相互之间可以自由运动；液体状态是指各分子（或原子）不规律地聚集，具有一定的体积而没有固定的形状；固体状态是指分子（或原子）有规则地聚集。

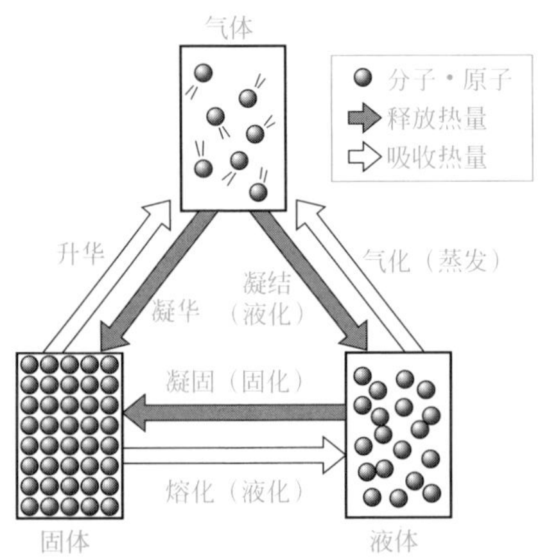

图2.13　物质的三态

物质的状态会随着温度变化或者压力变化而发生变化。从固体变化为液体称为熔化（或者液化），从液体变化为固体称为凝固（或者固化），从液体变化为气体称为气化（或者蒸发），从气体变化为液体称为凝结（或者液化），从固体变化为气体称为升华，而从气体变化为固体称为凝华。

在分析金属的状态变化时，经常要探讨处于液体状态的金属（溶液）被逐渐冷却下去时，液体是如何凝固的。不管是哪一种类型的金属，单一种类金属构成的纯金属被从液体状态逐渐冷却时的温度和时间之间的关系如图2.14所示。如图2.14所示的那样，在凝固开始到结束的这段时间内，由于从液体向固体转变的过程中，需要释放出一定的热量（潜热），因此温度在这期间内是保持不变的一定值。另外，将金属凝固时的温度称为凝固点，此时的曲线称为冷却曲线。

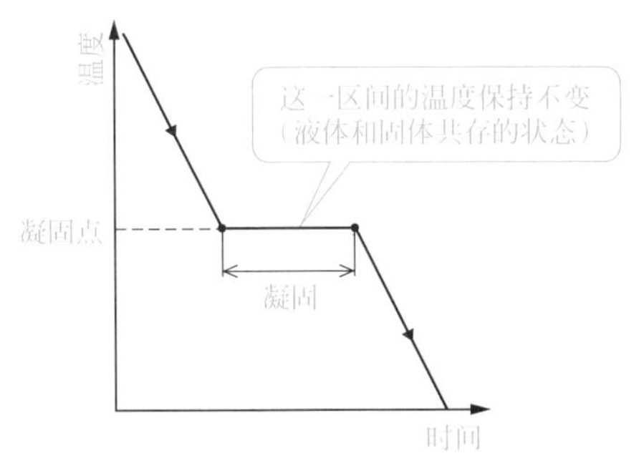

图2.14 纯金属的冷却曲线

在机械工程材料中，实际上所使用的金属大部分都不是纯金属，而是由数种元素所组成的合金。因此，我们以两种元素所构成的二元合金为例进行说明。

纯金属的凝固点具有固定的温度。与此相应，二元合金的凝固从开始到结束有温度的变化。这是由于构成合金的元素和其构成比例的差异，其凝固点有所分散（图2.15）。

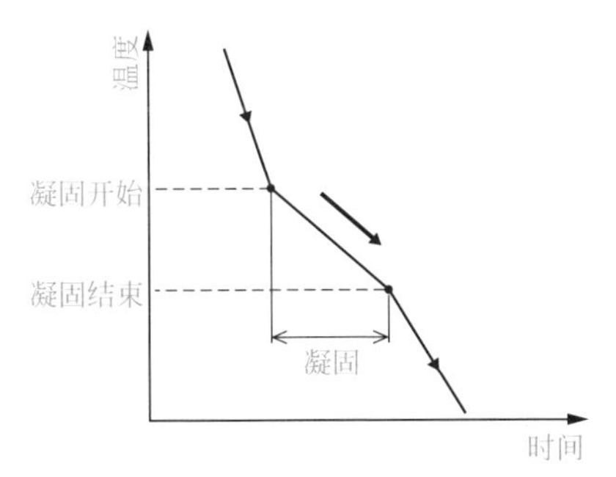

图2.15 二元合金的冷却曲线

下面，让我们稍微详细地观察一下两种金属熔化的过程。

合金是将微量的合金元素充分地混合在主成分的母体金属内所构成的。将合金元素完全融入母体金属的状态称为固溶体，这种固溶体是整体均匀的固体组织。

在固溶体组织中，按照合金元素进入母体金属的方式进行划分，可以分为置换固溶体和间隙固溶体两种类型（图2.16）。

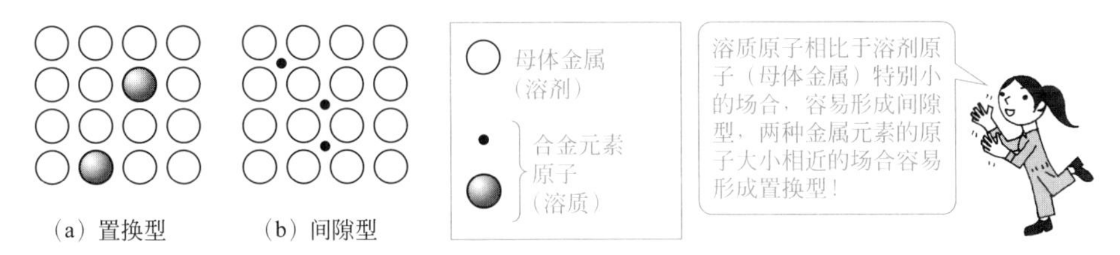

图2.16 固溶体的类型

置换固溶体是指合金元素的原子占据母体金属的原子的部分正常位置所形成的，即溶剂原子在晶格中的部分位置被溶质原子所替换。这种情况，容易发生在两者的原子大小几乎相同且合金元素也都是金属元素的场合下。例如，Fe和Ni以及Fe和Cr等的固溶体都属于这种类型。

间隙固溶体是指合金元素的原子侵入母体金属的晶格间隙而形成的。这种情况，容易发生在合金元素的原子尺寸大小相对母体金属的原子来说极其小的场合。具体能够列举出的有H、C、N、B、O等元素，Fe和C的固溶体就属于这种类型。

两种以上的金属就未必都能够形成固溶体，有时各自的金属也会作为化学物分别存在。金属间化合物就是合金的一种，这是由两种以上的金属按简单的整数比组成的化合物，具有许多与众不同的物理和化学性质。金属间化合物的力学性能与原来的金属相比，通常是既硬又脆，而且不容易变形（图2.17）。

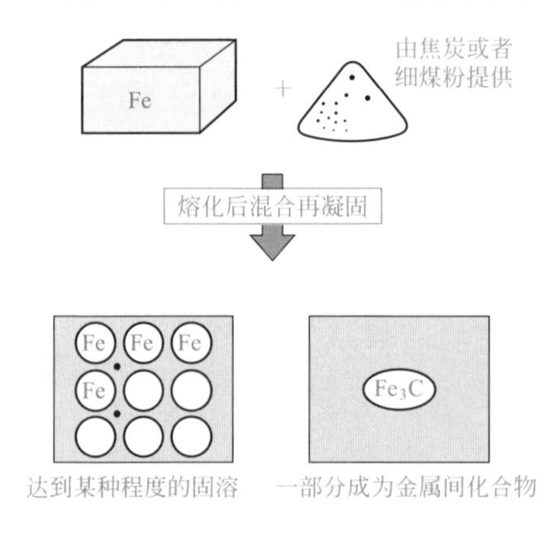

图2.17　金属间化合物的示例

另外，由于具有相同成分的二元合金的组分不同，其凝固点等会因此而有所差异。

为了确认这一事实，我们制作了图2.18所示的实验装置。即，连接两根不同材料的金属线，形成一个回路（热对偶），将回路的一端放在试验材料中，而回路的另一端放在0℃的冰水中（冷端），因温度差在回路中产生电压。然后，试验材料放入坩埚中进行熔化。经过一段时间后，从电炉中取出坩埚，一边进行冷却，一边以一定的时间间隔如每10s等读取一次温度，将这一过程的数据绘制出图表。

这样一来，就能够绘制出不同组成的冷却曲线。进而，如果能够将这些冷却曲线用一条曲线表示，就会更加地方便。在这种理念指导下，尝试绘制出的就是平衡状态图（图2.19）。在下一节中将对平衡状态图进行详细的说明。

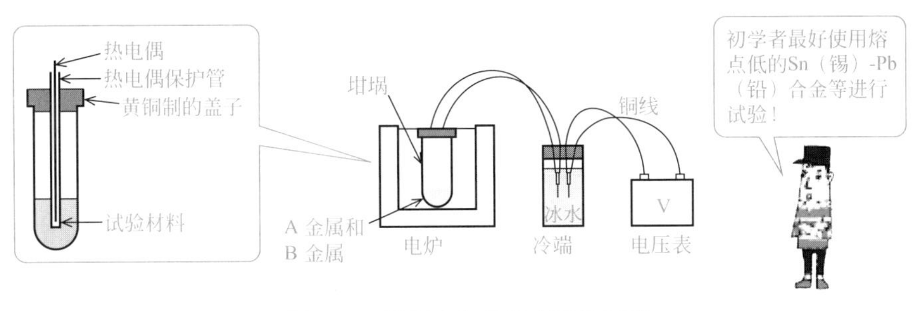

图2.18　绘制冷却曲线所做的试验

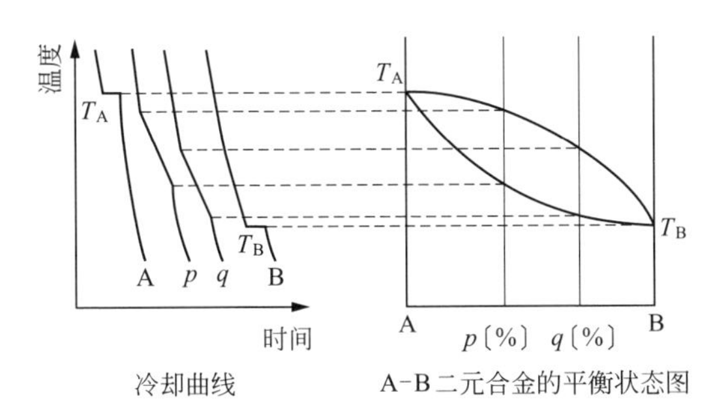

图2.19　合金的冷却曲线和平衡状态图

2.5

相平衡状态图

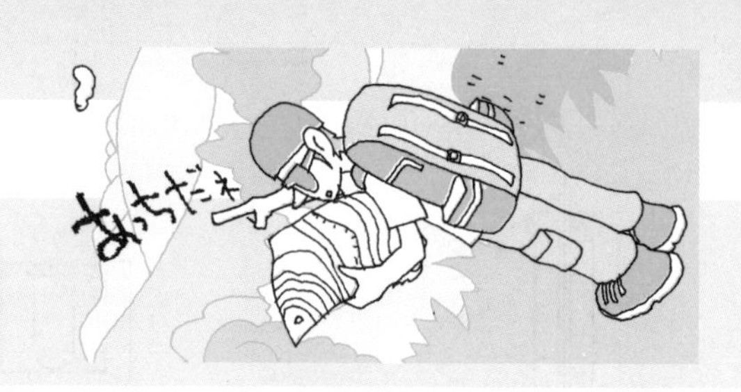

读取金属特性的便利图谱

❶ 金属因温度和组分的不同会呈现出多种状态。
❷ 相平衡状态图是表示物质在不同温度和组分时的状态关系。

(1) 相平衡状态图

如前所述，机械工程材料中，很少只有一种金属元素的情况存在，大多数的情况都是使用两种以上的元素混合而成的合金。虽然金属的组合是各种各样的，但金属的组织被其温度和组分所确定。我们可以用纵轴表示温度，横轴表示组分的图表示出这种关系，这种关系图就是相平衡状态图。基于这一状态图，我们就能够知道某种状态下的金属组织，以利于掌握金属的诸多性能。虽然进行机械设计或者加工的工程师们很少会亲自分析金属的组织，但至少要能够正确地识读材料方面的专家学者们所取得的研究成果，即各种相平衡状态图。

在这里，我们以代表性的典型金属材料的相平衡状态图为例，介绍相平衡状态图的识读。

(2) 全固溶体的平衡状态图

二元合金的成分无论是在液相（液体的状态）还是在固相（固体的状态）中，都是完全地融合在一起，将这样的所有的组织成分都为固溶体的合金称为全固溶体，这种情况的平衡状态如图2.20所示。在此，图中的纵轴为温度，横轴表示A、B两种成分的组分比例。横轴的左端定义为A成分为100%而B成分为0，随坐标向右移动，A成分的比例减少而B成分的比例增加。即，坐标的右端表示A成分比例为0、B成分比例为100%。

由图2.20可见，A、B两种成分组成的合金状态是温度在液相线以上时，都变为液相；处于固相线以下时，都成为固相；而位于两线之间时，则一部分为液相，另一部分为固相。在读取平衡状态图时，首先按成分组合比例，选择要读取的横轴的位置。其次，确定要读取的组分比例线的位置。最后，注意这一组分在温度最高点时的顶部位置，设想合金从这点开始逐渐冷却下来，就需要从上向下地进行读取。此时，特别要注意的是合金的状态在液相线和固相线前后的变化。

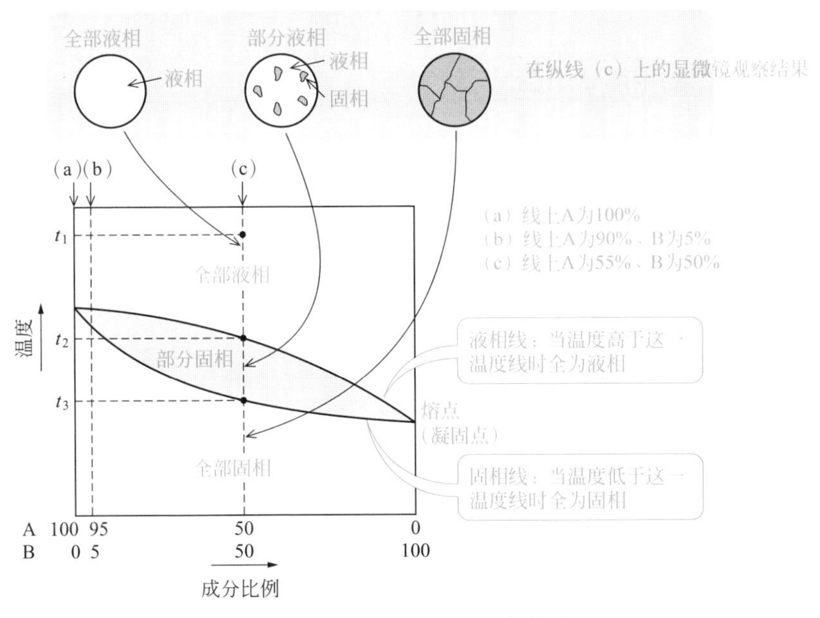

图2.20　全固溶体的相平衡状态图

现以位于（c）线上的A、B两种元素成分各占50%的合金为例来进行说明。首先，两种成分在温度t_1时都是液相状态。然后，如果温度开始逐渐下降，在温度下降到液相线的温度t_2时，一部分就变成固体的状态。这时，固体晶体开始出现的现象称为结晶。进而，如果温度继续下降，固相的比例就会增加，在温度达到固相线的温度t_3时，全部合金的状态都变成固相。

另外，在液相和固相混合存在的位置，我们能够从相平衡状态图中读取到液相和固相的存在比例。即，组分在（c）线的例子中，将这一混合的部位扩大到如图2.21所示。在组分的比例线（c）上取一点M，左侧D点到M点的距离

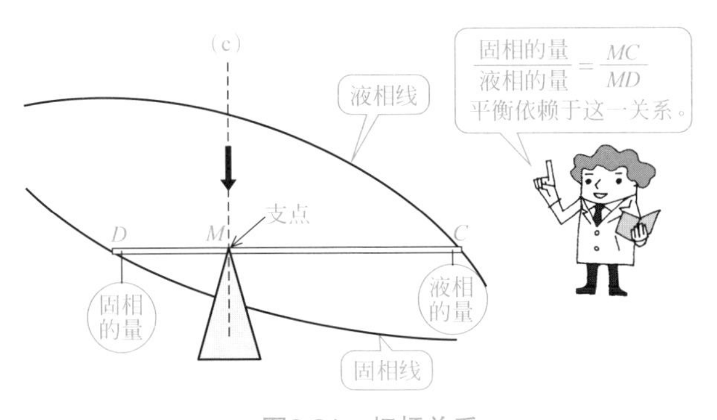

图2.21　杠杆关系

（MD）表示液相的量，右侧C点到M点的距离（MC）表示固相的量。由于这像是以M点为支点的杠杆，所以也称为杠杆关系。

（3）共晶合金的平衡状态图

在不是全固溶体的一般合金中，二元合金的成分在液态时可以无限互溶，但

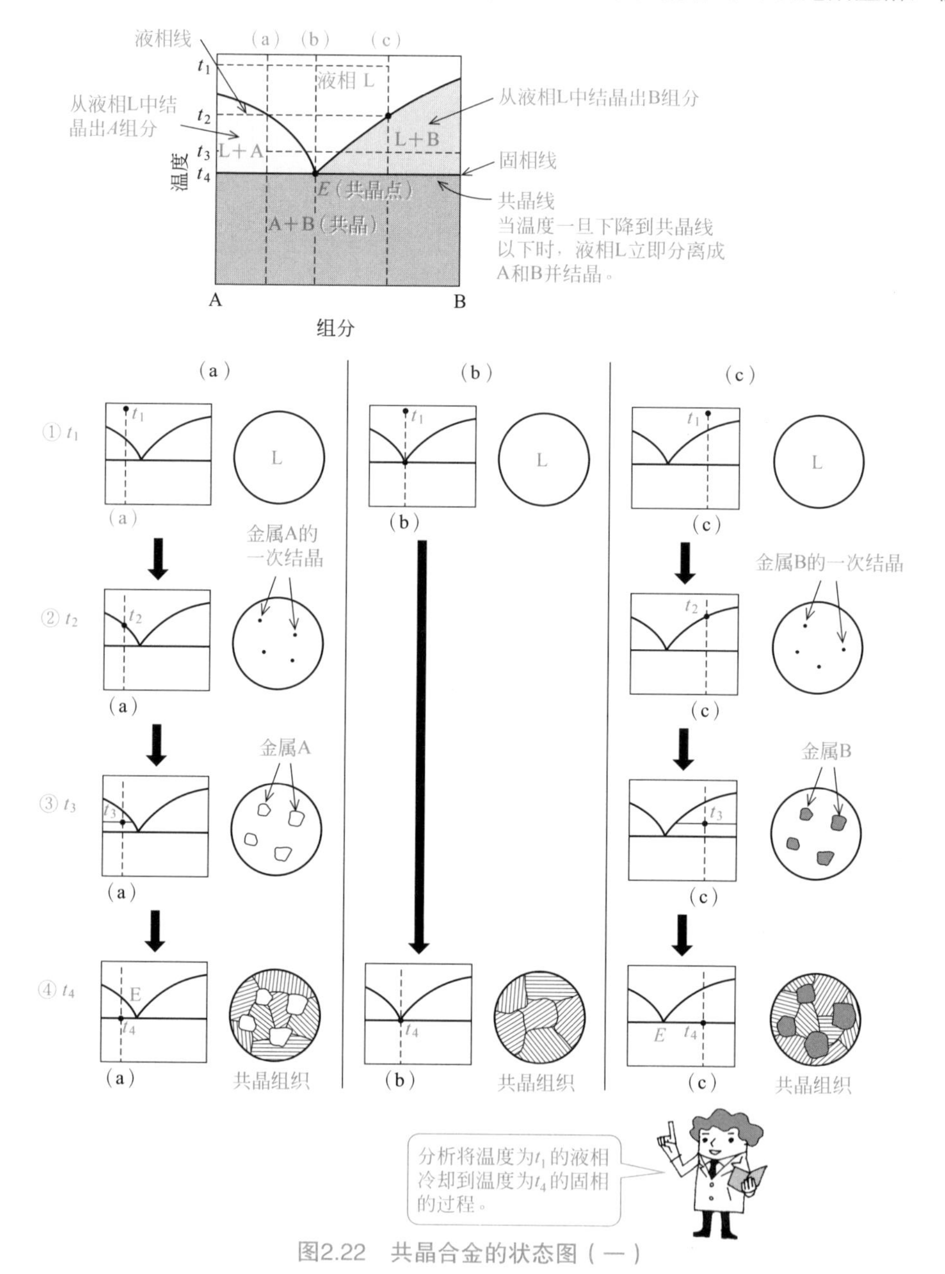

图2.22　共晶合金的状态图（一）

两种成分在固体时就只能部分互溶，甚至完全不溶，凝固的合金组织成为A成分的晶体和B成分的晶体以及合金晶体的混合物。将两种成分的金属结晶同时析出的这种合金称为共晶合金。表示共晶反应的状态图称为共晶合金的平衡状态图。在图2.22所示的状态图中，当温度降低到称为共晶线的温度线时，这两种成分在固相中根本不会相溶。

我们就图2.22所示的共晶合金的状态图（一）和图2.23所示的互溶的共晶合金如何进入固相的范围的状态（二）进行读取说明。

首先，读取图2.23中的组分的比例线（a）、（b）、（c）的各自组分的状况。在（a）组分的场合，如果温度从位于液相状态线的温度t_1位置开始逐渐降低，金属A就开始结晶，一直到连接液相线的温度t_2位置，最初的结晶称为一次晶体。即，在这种状态下是液相和金属A的固相并存，并且这种状态一直持续到温度t_3位置。当温度持续下降到位于固相线上的温度t_3以下，金属A和金属B就同时结晶。在（c）的场合与此相反，则是金属B先形成一次晶体，然后金属B和金属A同时结晶。

在（b）组分的场合，如果从位于液相状态的温度t_1位置开始下降，当温度下降到处于接液相线上的位置E时，金属A和金属B就形成共晶组织（指共晶状态的组织）。此时的这个点称为共晶点。

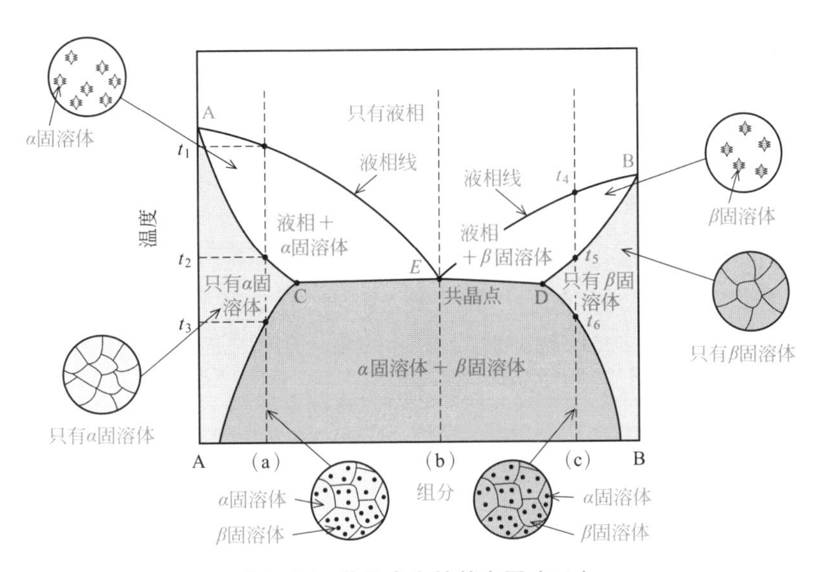

图2.23　共晶合金的状态图（二）

其次，分析图2.23所示的共晶合金的状态图（二）可知，这是在进入固相的范围之前互溶的两种金属。这种状态图的形状与图2.22所示的在共晶点附近的形状相同，但两端的形状不同。

如果从液相的状态开始冷却组分比例为（a）的合金，合金首先在温度t_1位置开始凝固，金属A的固溶体开始结晶，这种固溶体称为α固溶体。这种结晶过程持续到温度t_2位置，金属A在这一温度点全部变成α固溶体。进而，当温度下降到t_3位置以下时，金属B固溶体的β固溶体开始从α固溶体中结晶化析出。α固溶体和β固溶体在这种状态下共存。

在组分比例为（c）的场合，情况与之相反。金属B的β固溶体在低于温度t_4位置时开始结晶，在温度到达t_5位置时全部变成β固溶体；α固溶体在温度t_6位置时开始析出结晶，在温度低于温度t_6位置时α固溶体和β固溶体共存。

在组分比例为（b）的场合，如果从液相的状态降低温度，合金在点E的共晶点处变成共晶组织。另外，在状态图中，位于共晶组织左侧的合金称为亚共晶合金［图2.22（a）的④］，位于共晶组织右侧的合金就称为过共晶合金［图2.22（c）的④］。

（4） 其他的相平衡状态图

其他的相平衡状态图有如下所述的几种。

① 存在金属间化合物的状态图

金属间化合物中，两种类型的金属不形成固溶体而各自独立存在，它们具有独特的相平衡状态图。我们以图2.24中所举的一例进行说明，在图的中心附近有一根铅直的点画线，经常所见的是在线的左右都能够发生两个各自不同的共晶反应。图中的A_mB_n是表示A原子为m个、B原子为n个的金属间化合物。

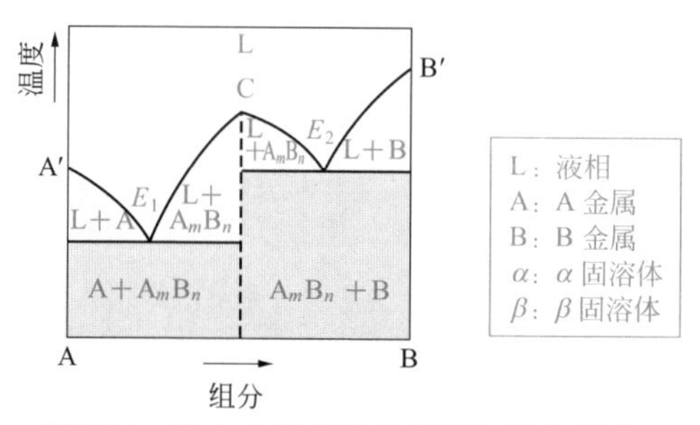

图2.24　存在金属间化合物的相平衡状态图

② 共析相变的状态图

从固相到固相的转变称为共析转变，其中两种或以上的固相（新相）是指从同一固相体（母相）中同时析出的。在图2.25中，从β固溶体中转变成为α固溶体+β固溶体的部分就表示发生了共析转变。另外，众所周知Fe-C系列的钢在含碳量为0.77%、温度为727℃的场合下，就会发生共析转变。

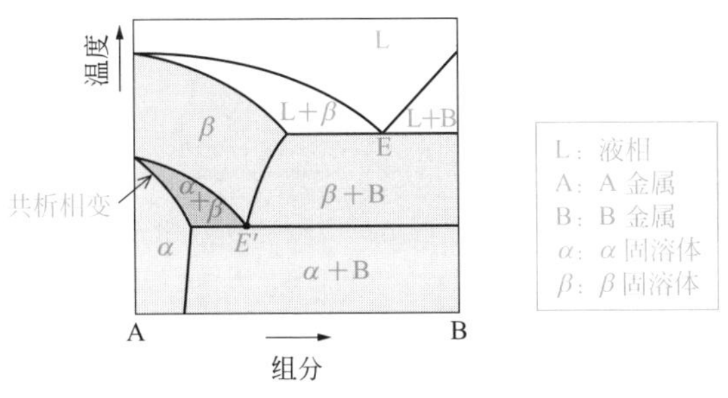

图2.25 共析相变的状态图

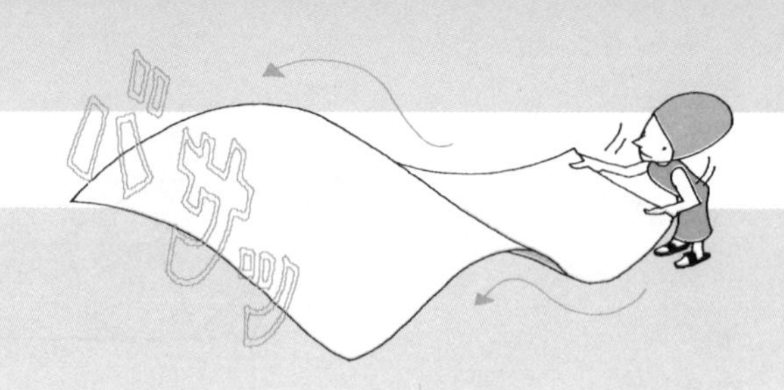

2.6 金属变形

金属因晶体的滑动而变形

❶ 在金属变形中有弹性变形和塑性变形之分。
❷ 金属变形主要是晶格滑移错位引起的。

（1）金属的变形

金属具有弹性和塑性两种变形，弹性变形是指金属承受载荷会发生变形，而变形在卸载之后就得到恢复；塑性变形是指变形在卸载后也不能得到完全的恢复（图2.26）。在将金属作为结构材料使用的情况下，由于使用所造成的变形残留，就会相当的麻烦，所以设计时，要尽量将承受的载荷控制在材料弹性变形的范围内。另一方面，在板材的弯曲加工等作业中，由于变形不能有效保留，所以需要将施加的载荷达到材料的塑性变形范围进行加工。

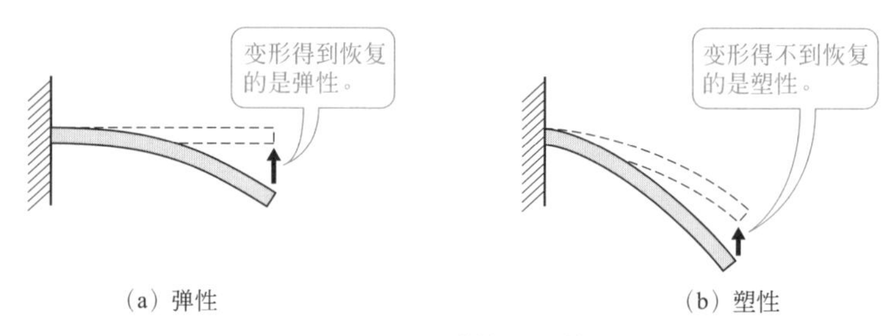

图2.26　弹性和塑性

众所周知，在单晶体金属的场合，金属的塑性变形是因规则排列的晶体发生滑动引起的，我们将其称为滑移，滑移面的方向取决于晶格构造的类型。另外，当这种滑移相对于原有的晶格构造具有以滑移面为对称面的对称关系时，将其称为双晶（或孪生）。这种现象能够通过显微镜的观察得到确认（图2.27）。

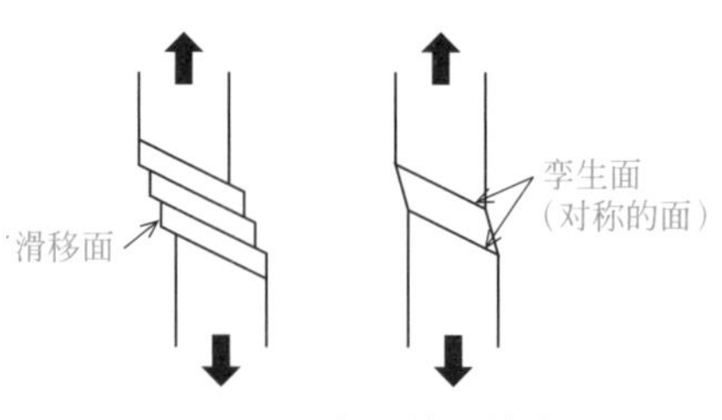

图2.27　金属的塑性变形

（2）位错

实际材料的晶体结构并不是完全按规则排列的，而是到处都有排列混乱或脱落的部位等，这种状态称为缺陷。大多数缺陷往往会成为滑移这一塑性变形发生的契机。线状的晶格缺陷称为位错。众所周知，金属变形大部分是由位错引起的。位错的形态中，有如同刀插入晶体中的刃型位错；有如螺旋状楼梯那样的螺型位错等（图2.28）。在实际的晶体结构中，常见的是兼具刃型位错和螺型位错两种特征的混合位错。

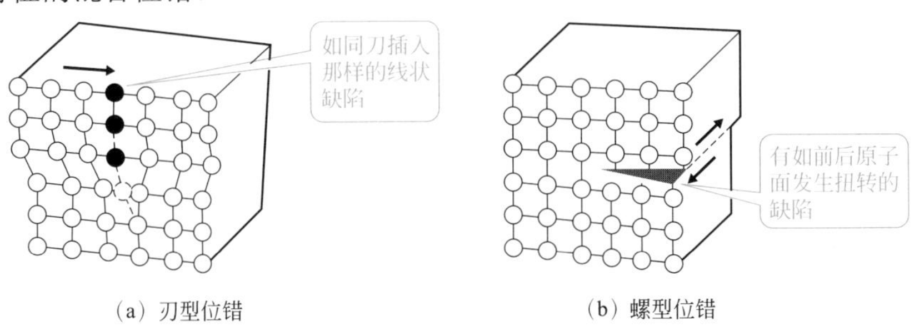

图2.28　位错

另外，正如我们所知，金属材料进行剪切加工实际所需的力要远小于理论求出的剪切应力（出现滑移所需要的力），这也是位错所起的作用。

这也就是说，塑性变形中的原子移动并不是全体一致的运动，而是取决于位错位置的分布而逐渐移动。这就如同在移动大块的地毯时，比起拉拽整块地毯，通过上下施加作用力使地毯呈波浪形移动由于能够减少摩擦，所以更容易实现。

习题

习题2.1 使用原子核、电子、质子、中子以及原子序号等说明原子结构。

习题2.2 试举例来简述具有代表性的3种化学键的名称和特征。

习题2.3 无结晶体（非晶体）是指什么？另外，简述无结晶体与普通金属相比具有的特性。

习题2.4 试列举金属中的3个代表性特征。

习题2.5 试举出3个金属代表性的晶体结构，并指出Fe（常温）、Al、Cu分别属于哪种晶体结构。

习题2.6 在物质的状态变化中，回答从固体向液体的转变、从液体向固体的转变、从液体向气体的转变以及从气体向液体的转变的名称是什么？

习题2.7 固溶体是指什么？另外，试回答两种代表性的类型。

习题2.8 金属间化合物是指什么？另外，试回答通常具有什么样的力学性能。

习题2.9 简述相平衡状态图中能观察到的共晶和共析的差别。

习题2.10 简述在金属变形中起到关键作用的位错是什么。

第3章

碳素钢

“钢材”是汽车、船舶、飞机等的机械装置以及建筑物和油轮等大型结构的主要结构材料。

由于铁矿资源丰富、价格便宜、加工也比较容易，况且对于这种材料已经建立了能够再生利用的方法，所以，在考虑机械材料的强度时，是以“钢”为基准进行分析的。

在本章中，您将学习在机械结构材料中起主要作用的碳素钢的各种性能。

3.1 钢铁的制造

生铁稀溜溜地从高炉中流出

❶ 钢铁材料的生产流程分为炼铁工程和炼钢工程。
❷ 钢铁材料是能够进行再生利用的材料。

钢铁材料的生产流程归纳如下（图3.1）。

（1）原料制备

钢铁材料生产的主要原料是铁矿石、焦炭、石灰石。在日本，海运来的原料被堆放在称为原料场的存储地，放置数十天。为了提高炼铁的生产效率，将铁矿石和石灰石等进行混合烧结成块。这种混合烧制物称为烧结矿。

另外，煤炭开采后的状态通常是粉末状的，由于煤炭既软又脆，所以要将其烘烤制成大小合适的固结的焦炭块。

（2）炼铁流程

铁矿石是氧化铁，含有大量的杂质。因此，在炼铁过程中，交替向高炉中投入铁矿石（或烧结矿）和焦炭，输送热风，使焦炭在高炉中燃烧，加热和熔化铁矿石。这种高热能将不纯物氧化、燃烧、分离、排除。另外，也有从氧化铁中除氧的作用。

石灰石与混杂在铁矿石中的岩石结合，熔化成较轻的炉渣（石灰石和杂质集聚在一起）。熔化的铁和矿渣沉积在高炉的底部，分离成较重的生铁和较轻的矿渣。沉积在高炉底部的生铁（大量含有C、Si、S、P等杂质的Fe）能从出铁口取出。

（3）炼钢流程

将生产钢的过程称为炼钢流程，这是将废钢和生铁放入称为转炉的这一大型容器中进行加热。另外，这种时候通过吹入氧气将多余的碳转化为一氧化碳而去除。进而，为了获得高质量的材料，除了要去除多余的C外，还应去除P和S等的杂质。这样一来，在完成目标的成分调整后，钢水先被造锭而制成钢锭，或者通过连续铸造工艺直接将钢制造成板坯（Slab）或圆坯（bloom）等形状，再进行销售。

在炼钢流程中，也可以使用作为废料回收的废钢作为原料。而且，还有将废钢作为主要原料使用来进行炼钢的企业。

为提高钢铁材料的纯净度，人们很早就开发了精炼技术，因此能够用低成本进行精炼。并且，人们也制定了钢铁材料的再生利用方法。

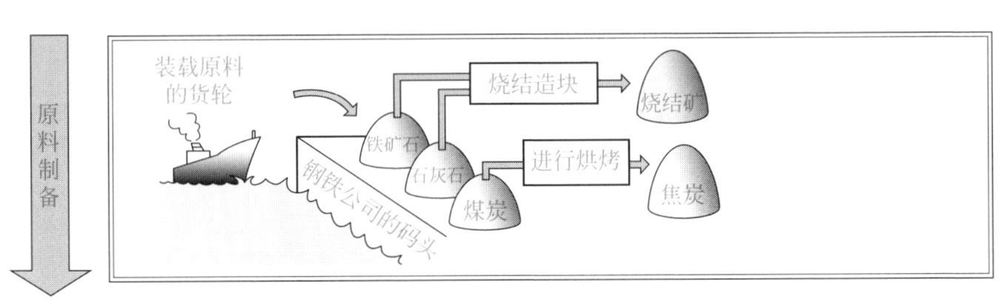

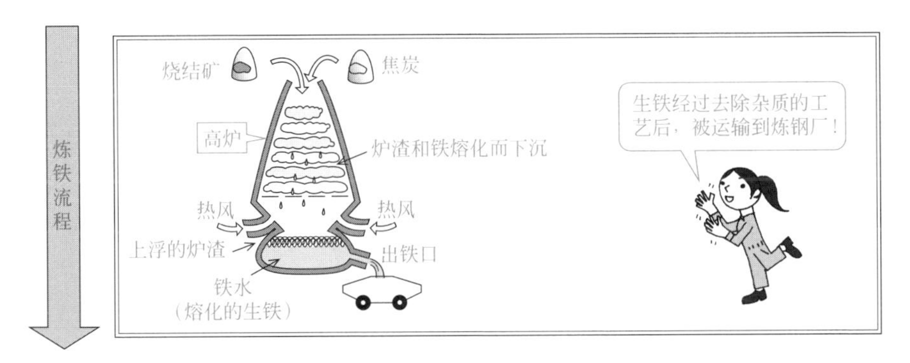

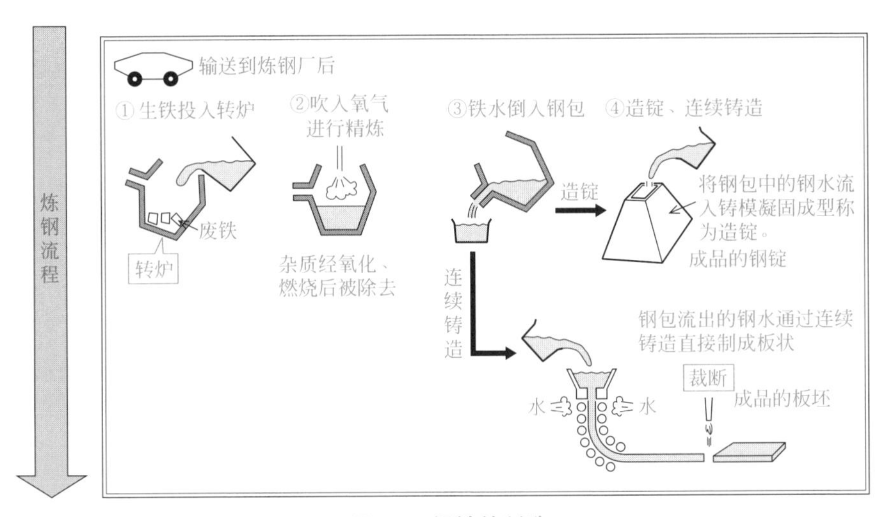

图3.1 钢铁的制造

3.2 碳素钢的性质

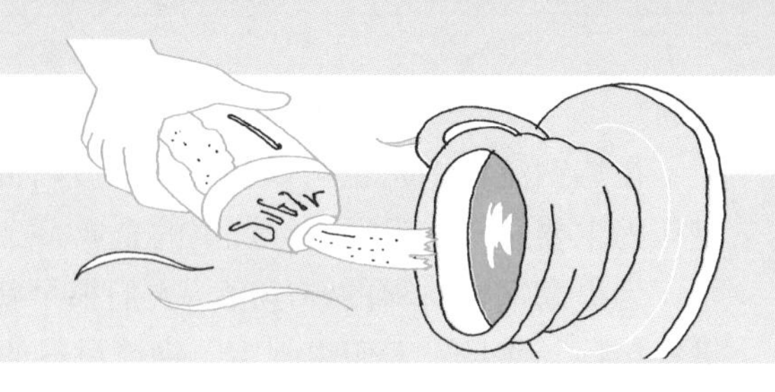

钢的性质取决于它的含碳量

❶ 从材料学的角度，钢和铁分别指含碳的铁（碳素钢）和纯铁。虽然两者都属于铁类，但性能完全不同。

❷ 纯铁的性质可以通过同素异构来改变。

（1）纯铁和碳素钢

我们所说的铁这一物质，通常都是用元素符号Fe表示的块状的物体。但是，在我们身边所能见到的铁制品中，纯度为100%的铁制品几乎是没有的。在大多数的情况下，使用的材料中都含有碳元素，将其称为碳素钢，简称为钢。这件事如果用脑海中浮现的英语单词表示，就更容易理解。元素铁的英语单词是iron，钢的英语单词是steel。实际生活中，罐装饮料分为铝制罐和钢制罐，其中，钢制的饮料罐在日本较为常见。

另外，碳素钢中的含碳量对材料的力学性能有着巨大影响。这种关系如图3.2所示。从图中可以看出，随着含碳量的增加，抗拉强度和硬度增加，延伸率和截面（或断面）收缩率减少。

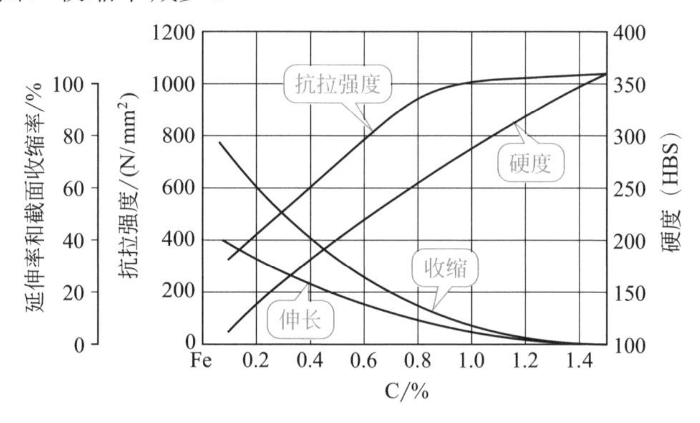

图3.2 含碳量和力学性能

（2）纯铁的性质

正如之前我们所讲述的，物质具有固相、液相、气相等的状态变化，但实际上不仅如此，有的物质即使在固相状态下，也还可以有几种不同的晶体结构。纯铁就是这种物质的代表。

将纯铁从熔融状态降低温度，它在1535℃凝固，这时的晶体结构是体心立方晶格。进而，如果再降低温度，纯铁的晶体结构就在1394℃时转变为面心立方晶格。这一变化称为A_4转换，这时纯铁的晶格由δ-Fe转换为γ-Fe。如果再进一步降低温度，纯铁的晶体结构在911℃时就又从面心立方晶格再次转换成体心立方晶格。这一变化称为A_3转换，这时纯铁的晶格由γ-Fe转换为α-Fe。将这种结构在固相中的转换称为同素异构（图3.3）。

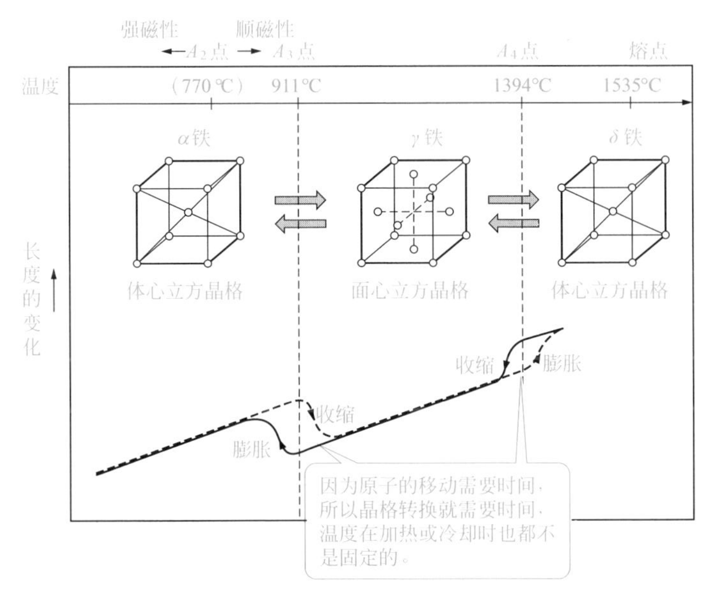

图3.3　纯铁的同素异构

虽然金属一旦被加热，体积就会膨胀，但体积在晶体结构变化的A_4点和A_3点时将会发生更大的变化。这也就是说，纯铁由δ铁转变为γ铁时大大收缩，而后也略微地持续收缩，但在γ铁转变为α铁时再次膨胀。

晶体结构变化所带来的纯铁或者钢产生伸缩的事实可以通过简单的试验来进行验证。如图3.4所示，准备直径约1mm、长度为1m左右的高碳硬钢丝制作的钢琴线，张紧两端并用销固定。然后，使用滑线电阻调压器（变压器的一种）等给钢琴线施加电压，钢琴线上就会有电流流动而发热，于是钢琴线的内部温度上升，热膨胀使钢琴线松弛而下垂。这时的钢琴线呈红色。

随后，如果切断电源、停止施加电流，钢琴线的红色就会褪去，并开始收缩。让人感到这个试验有意思的是，这时的收缩并不是整个过程的结束。在温度下降的过程中，收缩的钢琴线不一会儿就再次变红，且相反地伸长并下垂。这时，钢琴线会有微小的振动并发出声音。这一连串的长度变化就是同素异构转变。

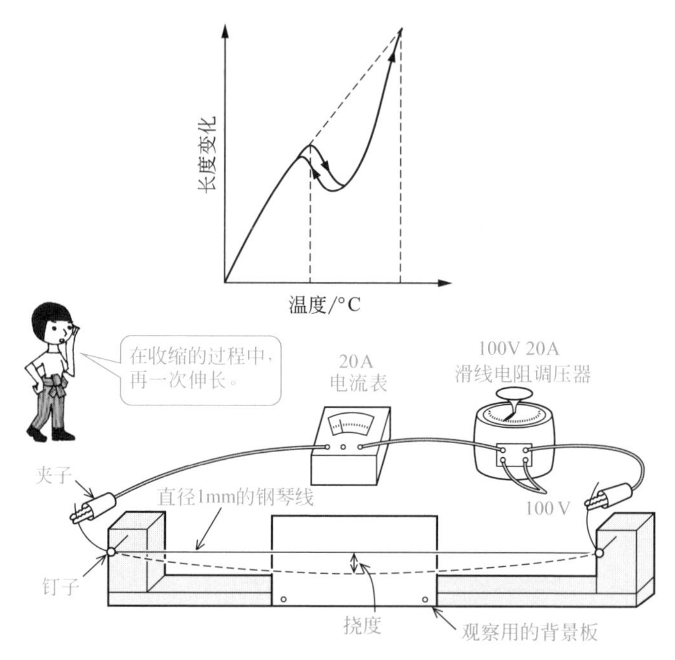

图3.4　观察同素异构转变的实验装置

（3）纯铁的磁性转变

通常，我们都知道铁（Fe）会被磁铁吸引，但它的磁化（具有磁性）程度是随温度的变化而变化的。首先，我们将有关磁性的基础知识进行归纳总结。

Fe、Ni以及Co等金属都是强磁性体，这类物质在磁场内会得到极高的磁化强度，即使是将磁场除去之后，剩余磁感应强度也具有很强的磁性。与之相应的，Al、Mn以及Pt等金属都是顺磁性体，即在外加磁场的作用下，磁场被磁化成与外部磁场具有相同的强度和方向，呈现出顺磁性物质的特性。顺磁性体在没有外部磁场的作用时不带有磁性。

众所周知，室温下的Fe是强磁性体，但铁一旦被加热，它在约770℃时就会变成顺磁性体。这种现象称为磁性转变，这一温度称为磁性转变点或者居里点。另外，这一转变点也称为A_2点，但此时这个点与之前所阐述的A_3点和A_4点不同，观察不到晶体结构的变化。因此，这不是同素异构转变，而称为磁性转变（图3.5）。

正如同电磁学课程中所讲授的，电力和磁力本来就是不可分割的。现实社会中，如果没有磁性材料，丰富我们物质生活的家用电器以及计算机等的电器产品就无法实现。尤其是具有强磁性的永磁体被广泛应用在电动机或者发电机、通信器件、扬声器等设备上。在日本，本多光太郎等人早在1916年就开发出KS钢。在15年之后，三岛德等人开发了MK钢以及其后的铝镍钴磁铁等，具有优良磁性

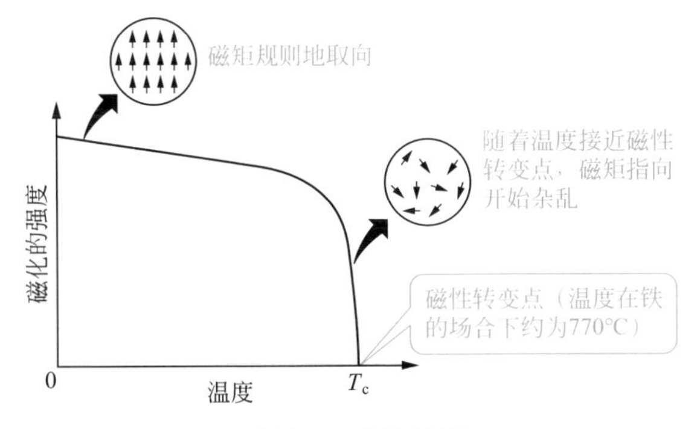

图3.5　磁性转变

的材料的研究一直都在进行着。

另一方面，在进行机械设计时，也有很多场合希望材料不带有磁性。为了应对这样的需求，我们不仅要掌握有关强度方面的知识，也需要掌握与这些材料有关的磁性方面的性质。例如，在半导体或者超导体以及测量相关等的场合，选择用于非常细微的部位使用的螺钉时，不仅要考虑铁基的螺钉，而且还需要考虑铝和钛材料的螺钉。

3.3

碳素钢的平衡状态图

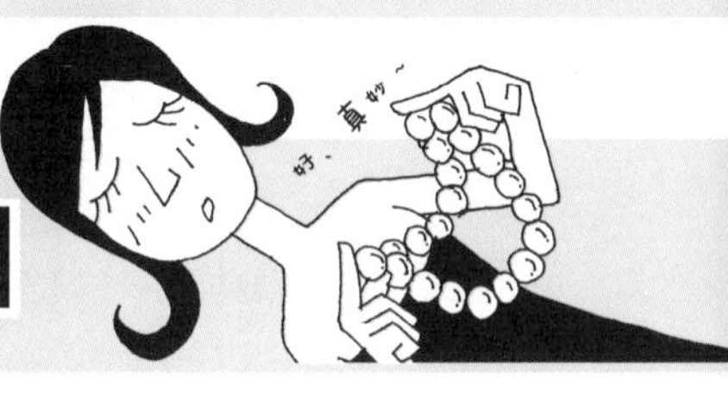

碳素钢的珠光体具有珍珠光泽

❶ 可以用Fe-C平衡状态图来表示碳素钢的状态。

❷ 碳素钢的组织有铁素体、奥氏体、渗碳体、珠光体等。

碳素钢是指在Fe中含有少量C的钢，其性能和组织会因含碳量的多寡而发生变化，其状态可以用图3.6所示的Fe-C平衡状态图来进行表示。图中的纵轴表示温度，横轴表示含碳的比例。实用性强的碳素钢兼备良好的抗拉强度、硬度以及韧性，这种钢的含碳量在0.6%以下。另外，含碳量为0.6%的碳素钢称为60钢。含碳量为0.6%～2.14%的碳素钢与含碳量在0.6%以下的碳素钢相比，因其塑性小而难以加工。

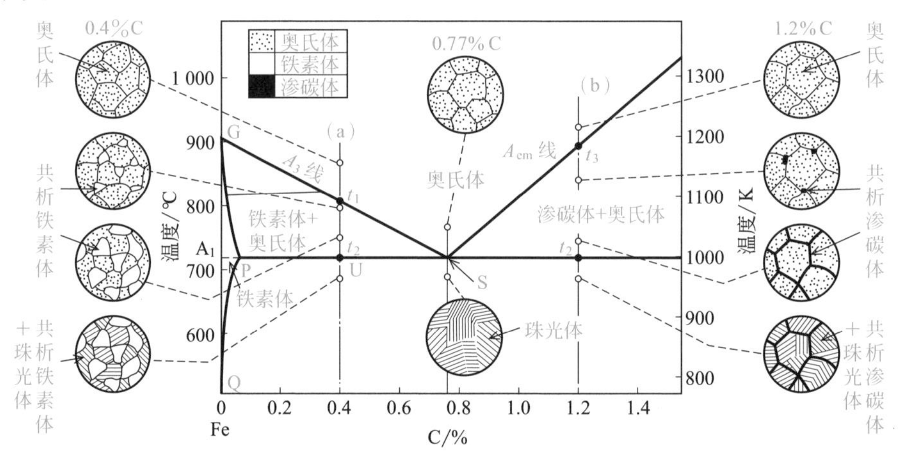

图3.6　Fe-C系合金的平衡状态图和组织

在下面，我们通过读取Fe-C系合金的平衡状态图，来掌握其组织状况。

在有关纯铁的章节中，我们介绍了α铁、γ铁以及δ铁，分别将其固溶碳元素所形成的物质称为α固溶体、γ固溶体、δ固溶体。

状态图的左侧是钢中含C较少的种类，称为纯铁或者超低碳钢，位于这里的α固溶体组织称为铁素体。以纯铁为例，铁素体是在911℃以下的温度范围内，由体心立方晶格构成的组织。由于这种材料的含碳量非常少，最多也是0.02%以下，所以钢铁中的这种材料最软，且塑性大。另外，通常的铁素体是强磁性体，具有容易腐蚀的缺点。

温度超过911℃，铁素体就转变为γ固溶体组织的奥氏体。这一温度称为A_3点，A_3点是之前已经讲述过的。

碳素钢的含碳量如果多于常温下的铁素体，就会共析形成Fe和C的化合物Fe_3C，将这种物质称为渗碳体。这种材料具有非常硬而又脆的组织结构，且难以腐蚀。另外，在图3.6的状态图中，常温是指纵轴的坐标接近于0的部位。

进而，含碳量为0.77%的γ固溶体被冷却，就会在727℃时开始，同时析出铁素体和渗碳体。这一现象称为共析转换或者A_1转换。这时，可能会产生前面所讲授的共晶和共析有什么区别这样的疑问。共晶是指从液体向两种（或更多）固溶体的变化，与之相应的，共析是由γ固溶体向α固溶体和渗碳体的转换，区别就在于这一点。这也就是说，表示在固体中的变化就是共析。

另外，此时所析出的铁素体和渗碳体是薄层交替叠压的层状复相物，如果在金属显微镜下进行观察，就能够看到珍珠色，所以被称为珠光体。

因含碳量为0.77%的碳素钢能够发生共析转换而称为共析钢，将含碳量未满0.77%的碳素钢称为亚共析钢，含碳量多于0.77%的碳素钢称为过共析钢（图3.7）。另外，能够将组织全部转换成珠光体的碳素钢只有共析钢，亚共析钢是由共析铁素体和珠光体所组成，过共析钢是由共析渗碳体和珠光体所组成。在这里，所谓的共析是指新的固相在转变中出现，这就意味着有极少量的C积存在铁素体和渗碳体的晶界。

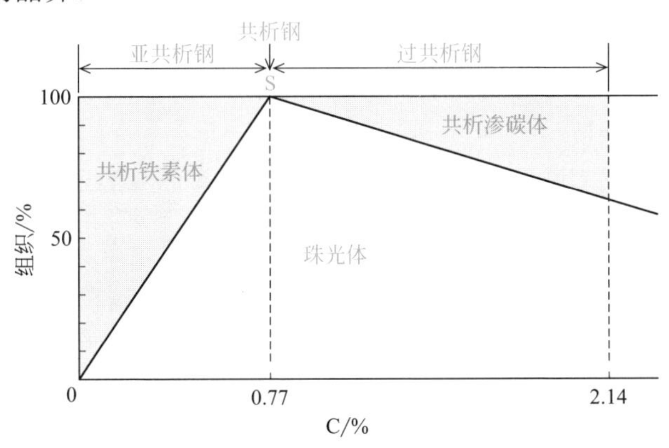

图3.7 含碳量和组织

其次，从状态图（图3.6）中，读取成分的组成比例线位于（a）的亚共析钢组成和成分组成比例线位于（b）的过共析钢从奥氏体渐冷（缓冷）情况时的状态。

为了比较形象地理解Fe-C系合金的平衡状态图，我们假设Fe为黑色巧克力，C为白色巧克力。在以某种比例熔化黑色巧克力和白色巧克力并进行凝固的场合，两者充分混合而呈现出茶色。这就是共析的形象模拟。

(1) 亚共析钢的转换和组成

在碳素钢的成分组成比例线位于（a）的场合，如果从奥氏体状态渐冷，首先温度下降线就在温度t_1位置点与A_3线相交，铁素体开始析出。其次，随着温度的下降，铁素体的比例增加，剩余奥氏体中的含碳量增加。进而，温度下降到t_2位置，即一旦达到A_1转换的温度，就会转换成共析铁素体和共析组织的奥氏体，奥氏体在这个温度时就变成珠光体。于是，在这一温度以下，组织就成为共析铁素体和珠光体。

(2) 过共析钢的转换和组成

在碳素钢的成分组成比例线位于（b）的场合，如果从奥氏体状态渐冷，首先温度下降线就在温度t_3位置点与A_{cm}线相交，渗碳体开始析出。随着温度的下降，渗碳体的比例增加，剩余奥氏体的含碳量减少，一旦到达到A_1转换的温度，就会变成共析渗碳体和共析组织的奥氏体，奥氏体在这一温度就会变成珠光体。因此，在这一温度以下，组织将成为共析渗碳体和珠光体。

专栏　功能分级材料

通常，我们认为具有传热、导电、透光、高强度等性质的材料，其所具有的性质会在整个材料中都是均匀相同的（在本书第9章的复合材料中，解释材料的强度因施加载荷的方向而变化的各向异性的概念）。但是，在1987年，日本的研究者们提出一种因部位不同而具有不同功能的材料，这是世界领先的打破常识的构想。这种材料因为功能在材料的内部的连续变化（梯度），所以被命名为功能分级材料（functionally graded material，FGM）。

这种材料的研究起源于解决火箭外壳的外部和内部的温度差问题。火箭外部的温度高达1700℃以上，外部与内部就有1000℃的温度差，而使用的材料则必须要承受这一严酷的条件。于是，诞生了一种新的想法，这就是在外侧使用导热系数小的陶瓷材料，而内部使用导热系数大的材料，并将性质不同的材料进行无缝隙的粘贴。但是，这种时候如果只是将两种材料单纯地粘贴在一起，因热膨胀率的不同，裂纹就会从两种材料的界线开始扩展。因此，需要进一步研究将两种材料逐渐渗透融合的技术。这也就是说，即使A材料在材料表层为100%而B材料为0；但稍微进入材料的内部之后，A材料就为90%而B材料为10%；进而，A材料在材料的中心附近为50%、而B材料为50%，这种材料的性质是平滑（梯度）变化的；最终，B材料在材料的内侧变成为100%而A材料为0。

如此这般，最初始于减轻热应力的功能分级材料的研究，随后就变成了具有许多潜在功能的应用的可能性研究。到如今，其研究的范围涉及从电气、光学、原子能以及生物材料等广泛的领域。

3.4

碳素钢的热处理

通过热处理可以任意改变钢的性能

❶ 热处理是指通过金属的加热和冷却，来改善其力学性能。
❷ 热处理有淬火、回火、退火、正火之分。

(1) 热处理的基本知识

通过适当温度的加热和冷却能够显著地改善碳素钢的力学性能。我们将这种加热或冷却的各种生产工艺过程称为热处理。碳素钢的热处理工艺有淬火、回火、退火、正火等之分。下面，我们根据热处理工艺的内容进行详细阐述，并且简单归纳总结前面已经讲授过的平衡状态图和热处理之间的关系。

基于碳素钢的相平衡状态图（图3.6），我们知道碳素钢的组织会因含碳量和温度的不同而发生多种不同的变化。同时，人们会抱有这样那样的疑问。将这些疑问简述如下 :“虽说碳素钢会因温度变化而发生变化，但由于碳素钢实际上都是在常温状态下使用，所以，高温状态的碳素钢无论是何种组织，不都是与我们的使用无任何关系的吗？”“虽说奥氏体的柔韧性能良好，但这种组织只有在高温状态下存在，站在实用的角度来看，这不是没有任何作用吗？”“在常温状态的大多数情况下，组织如果是既硬又脆的珠光体和渗碳体，常温下的碳素钢不就是硬而脆吗？”。

在平衡状态图上，确实只能读取到这样的信息。这里所说的“平衡”就是意味着保持平衡的同时，进行“缓慢加热、缓慢冷却”的作业。因此，在平衡状态图中，就没有时间这一维度。与之相应的，“缓慢加热”和“快速加热”在热处理中，是要区别处理的。尤其是，“急速”这一含义非常重要，这就是相对于平衡状态，意味着非平衡状态。于是，通过适当地处理这种状态下的变化，就能制造出在常温下也具有高强度且柔韧的碳素钢。

其次，分析即使是相同组成的碳素钢，若是改变其冷却方法会发生什么样的现象。图3.8是表示在加热炉内缓慢冷却、空冷（置放在空气中）、油冷（放入油液中）、水冷（放入水中）奥氏体组织状态的共析钢时，钢材长度的变化量。在图中，虽然纵轴的坐标原点0点各自不同，但这只是为了更容易进行比较，并不表示原来的长度有不同。

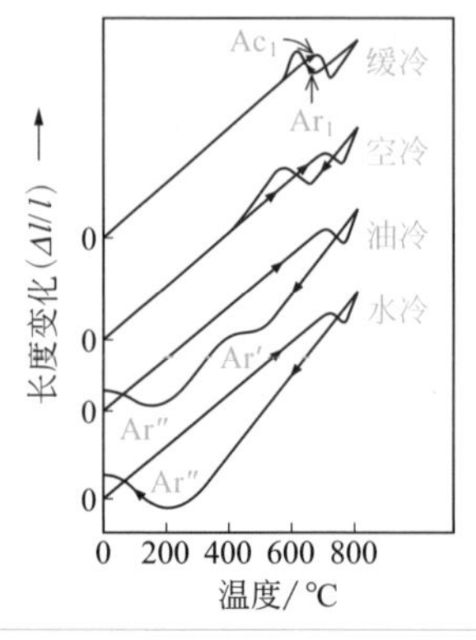

图3.8 共析钢的长度因冷却速度的差异所造成的变化

在炉内进行缓慢冷却时，平衡状态如图3.8所示，相变转换这样的状态变化会在727℃时发生。与之相比，空冷时这种转换会在600℃左右时发生，油冷时会在500℃左右发生，水冷时会在200℃左右发生。另外，可以用长度变化的形式来表示各种情况下的膨胀程度。

在200℃附近发生的相变，通常都是使稳定奥氏体组织发生快速冷却的场合，将这种相变称为马氏体相变（图3.9）。由于这种相变是急剧发生的，所以相变后的组织保持非平衡状态，变成针状的微细组织。而且，这时材料的应变变大，这种作用使碳素钢成为高硬度的钢。随后将介绍淬火处理，材料通过淬火处理就能提高硬度，这正是因为发生了马氏体相变。

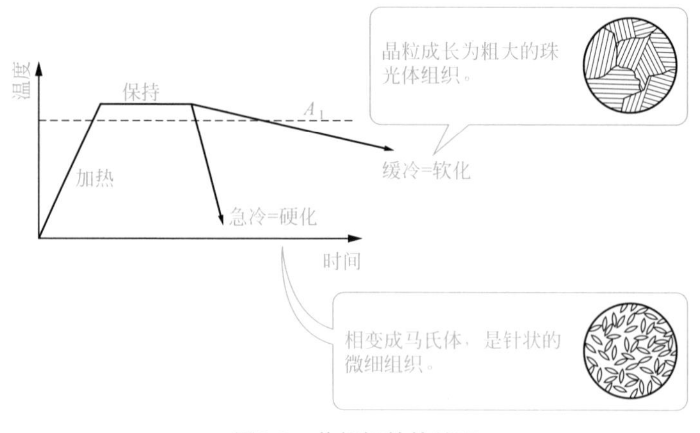

图3.9 共析钢的热处理

(2) 热处理的类型

① 淬火（quenching）

淬火是指将奥氏体组织的碳素钢在水或者油中急剧冷却，转化成马氏体组织的热处理方法（图3.10）。通过这种处理，碳素钢变硬，且韧性降低。

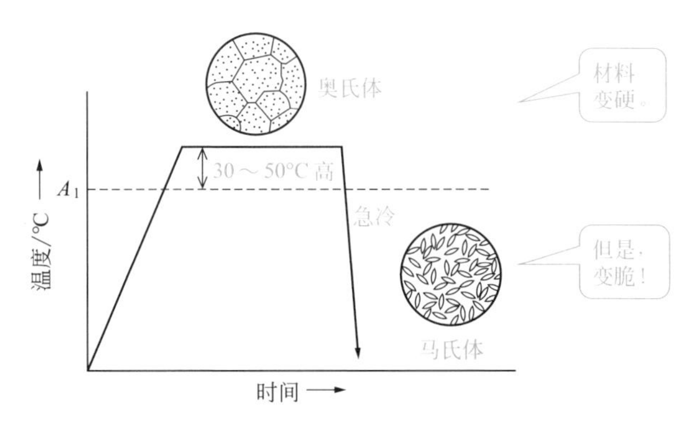

图3.10　淬火的工艺示意

如图3.11所示，淬火是指将含碳量不满0.77%的亚共析钢加热到比A_3线高出30～50℃的温度，而将共析钢以及过共析钢加热到比A_1线高出30～50℃的温度。然后，在这一温度保持足够的时间后进行快速冷却。

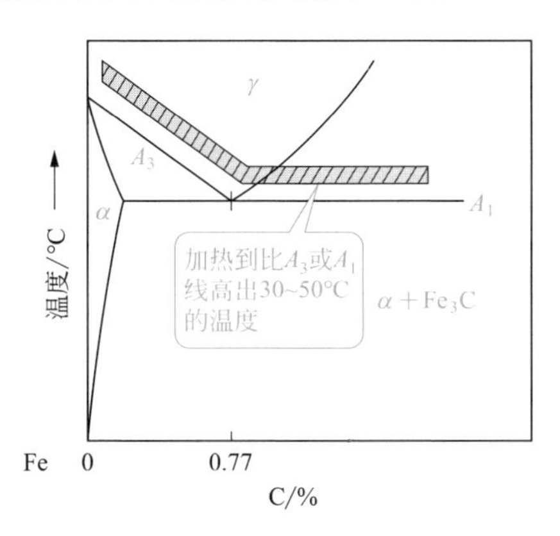

图3.11　淬火的加热温度

② 回火（tempering）

淬火处理而得到的马氏体组织具有硬而脆的性质。回火处理则是指为了改善这一缺点，使其再加热到低于A_1线的温度后，以适当的速度进行冷却的热处理方法（图3.12）。如图3.13所示，回火处理的加热温度会因为钢的成分不同而有很大的差异，结构用碳素钢的回火加热温度是400℃左右。在这种热处理中，马氏体中的C被以Fe_3C的形式排出，形成微细的铁素体和称为屈氏体的组织，这种屈氏体是由碳化物构成的极易被腐蚀的组织。

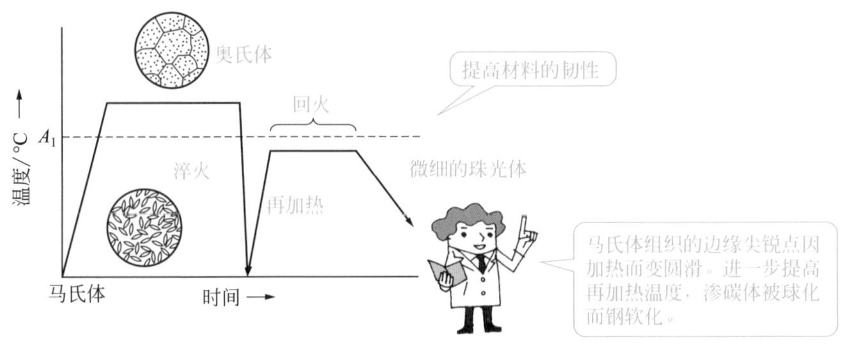

图3.12　回火的工艺示意

当在更高温度的550～600℃进行回火时，Fe_3C就会稍微粗大化，转换成称为索氏体的组织。屈氏体组织相比于马氏体是稍软而有韧性，而索氏体组织的韧性更高。另一方面，屈氏体组织比索氏体更硬。

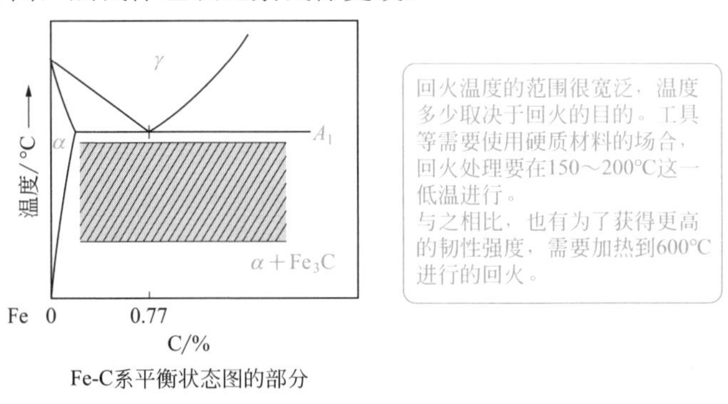

图3.13　回火处理的加热温度

③ 正火（normalizaing）

金属可以通过塑性加工来实现变形，但随着变形的发生，抵抗变形的阻抗力将进一步增大即硬度增加，这种现象称为加工硬化。正火热处理方法就是指除去因加工硬化等产生的材料内部的应变，将材料组织恢复到标准状态或者使其更细微化的热处理方法（图3.14）。正火是将钢在奥氏体状态下，充分保持一段时间后，在自由流动的空气中进行均匀冷却，从而获得晶粒微细的珠光体组织（图3.15）。

④ 退火（annealing）

退火热处理方法是指去除因加工硬化而产生的内部应变，使组织软化、提高塑性的热处理方法（图3.16）。退火是将钢在奥氏体的状态下，充分保持一段时间后，在加热炉中进行缓慢冷却，从而获得塑性优异的珠光体。另外，退火又称为韧化。

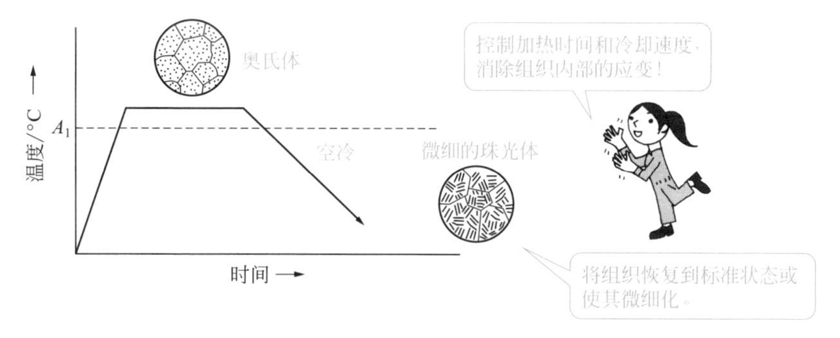

图3.14　正火的工艺示意

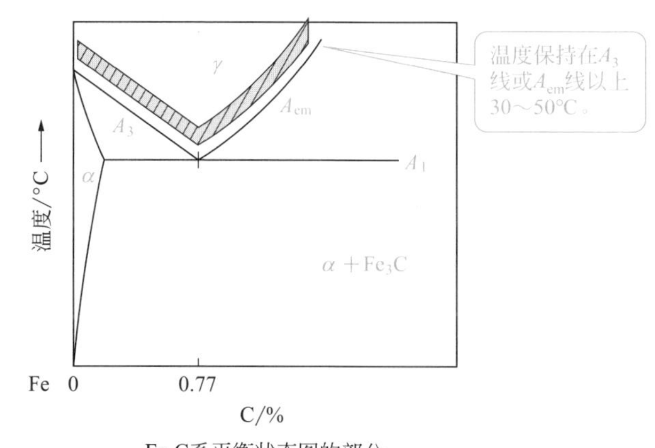

图3.15　正火的加热温度

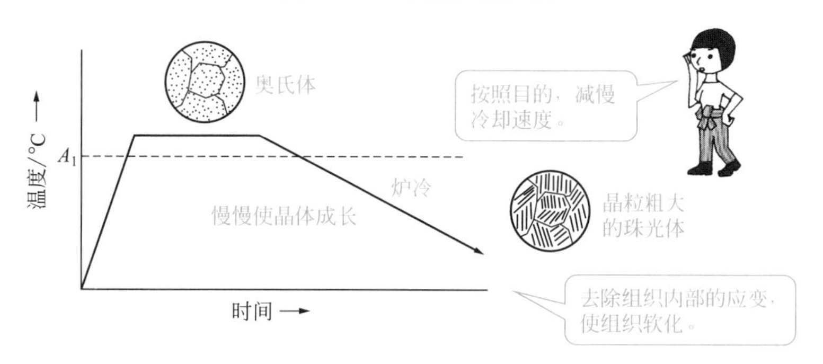

图3.16　退火的工艺示意

如图3.17所示，对于亚共析钢，退火处理的温度与正火大致相同，需要加热到高出A_3线约30～50℃的温度。对于过共析钢，退火处理的加热温度不以A_{em}线为基准，而是以A_1线为基准，加热的温度需要高出A_1线约30～50℃。

⑤ 表面热处理

通过对钢铁材料施加热处理，可以改善的力学性能包括强度、硬度以及韧性。但是，由于硬质材料通常都具有较脆的性质，因此无论实施何种形式的热处

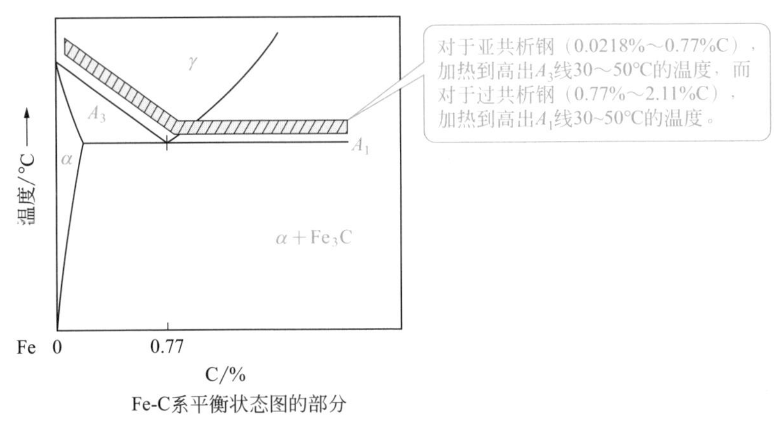

图3.17　退火的加热温度

理，都难以顺利地改善这种相互矛盾的性质。

我们之前已经讲述过4种热处理方式，由于这都是对全部的材料所实施的整体穿透加热，所以称为整体热处理。与之相比，还有“只希望材料的表面硬”或者“只希望材料的表面耐磨损”等这样的热处理，我们将其称为表面热处理。

随着技术的发展，由于机械材料在耐磨性、耐蚀性、尺寸精度、表面状态等方面的技术指标要求逐年提高，因此，逐步促进了各种各样的表面处理技术的研究。在这里，我们介绍几种典型的表面热处理方法。

● 渗碳

渗碳的热处理方法是指将碳元素（C）浸透在含碳量0.2%以下的低碳钢表面，增加其表面硬度。在经过这一处理后，低碳部位将变为柔软组织，而高碳部位则是既有韧性又具有耐磨性的组织。当材料承受弯曲应力等的载荷时，由于最大的应力发生在构件的表面附近，而耐磨损也只是要求在构件的表面，所以这种热处理方法是最恰当的。

为了使碳能够浸透，首先，在母体材料处于奥氏体之后，将碳变成固体、液体、气体等的状态来进行热处理。固体渗碳则是采用以木炭为主要成分的渗碳剂的方法（图3.18）。这种方法虽然在很早就开始使用，但是很难获得均匀厚度的渗碳层，而且生产环境也很恶劣。因此，现在很少采用这种方法。液体渗碳是采用以氰化钠为主要成分的渗碳剂的方法。然而，由于存在着氰化物污染等问题，这种方法现在也同样很少采用。将甲烷气体等作为渗碳气体来使用的气体渗碳法以及采用向真空炉中通入渗碳气体的真空渗碳法，由于碳浓度能够调节、生产环境好，因此这种方法被广泛采用。另外，通过渗碳法所形成的硬化层深度，会因为各种处理方法的不同而不同，一般深度为0.1～3.0mm。在进行渗碳之后，为稳定材料的状态，通常情况下，需要进行淬火和回火处理。

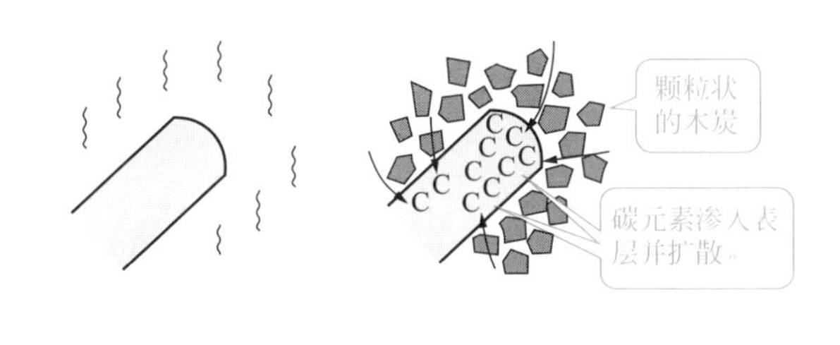

①将低碳钢加热到900～950℃（奥氏体化）。　②C原子渗入表面。　③经过淬火和回火，使表面硬化。

图3.18　固体渗碳

- **渗氮**

渗氮的热处理方法是指将氮元素（N）渗入碳素钢表面，来增加其表面硬度。经过这一处理后，由于工件的表面形成了氮化铁，因此这种方法与渗碳工艺不同的是不需要实施后续的淬火等的热处理。渗氮的方法中，包括使用氨气的气体渗氮、一种使用放电进行气体渗氮的离子渗氮（或称等离子体氮化）等类型。

- **高频淬火**

当电流在碳素钢中流通时，通常都是在整体材料中流通。但是，如果采用高频电流，电流就只能在材料的表面流通。

高频淬火就是利用这一原理，通过高频感应加热来进行钢淬火的热处理方法。渗碳或者渗氮是改变材料表面的化学成分而进行的热处理，与之相比，高频淬火可以说是只采用淬火就使材料表面硬化的物理的热处理方法。

（3）实际的热处理

正规所实施的热处理环境按照以1℃为增量进行温度控制大概不会有很多。但是，如果不以某种形式实际地进行操作，即使学习过热处理知识，也只是停留在课本的知识上。在这里，我们通过进行实际的热处理实验，让你能亲自观察体验到金属就在你面前变硬、变韧（图3.19）。

现实中，即使我们设定了热处理的温度，而在实际上，要测量这一温度也是很难实现的。为什么呢？这是因为无论使用什么样的温度计，所测量的都只是被测材料附近的间接温度，严格地说，并不是这材料的温度。于是，人们就不依赖于温度计，而是通过碳素钢呈现的颜色变化来观察其温度。为此，首先要查看在加热碳素钢时，碳素钢的颜色是如何变化的。

被加热的钢，开始出现颜色的温度是600℃左右。这种状态下色泽呈暗红色，再加热就变成鲜艳的橙色。进而，在平衡状态图中所介绍的A_1相变点的727℃，颜色变成很明亮的橙色。

（a）淬火

（b）回火

图3.19　简单的热处理实验

由于A_1相变点在热处理中是非常重要的温度，通过颜色就能够判断温度是否到达了这一点的方法是很有效。

准备一个直径为6mm左右的圆棒，用喷灯对其进行加热，就能够再现这种现象。这就是淬火热处理的实验，首先将材料加热到呈现出很明亮的橙色，放置一会之后，将其放入水中进行急冷。若有硬度试验机，就能以数值的形式知道硬度增加的程度。

这里，不仅是硬度，为了增加韧性，我们继续进行加热，再放置一段时间之后，进行回火。在这种场合下，我们这一次在钢被加热到呈现橙色之前的暗红色时，使其在空气中缓慢冷却。仅此一项简单的实验，应该就可以明白材料的性能是可以改善的。

专栏　脚踏风箱式炼铁

19世纪50年代，有着称为脚踏风箱式炼铁的独特制铁技术（表3.1）。

脚踏风箱式炼铁是以高纯度的矿砂为炼铁原料，采用木炭燃料，用人力来驱动风箱（鼓风机）进行送风的制铁方法。在用土构成的炉中，交替投入矿砂和木炭，连续进行三昼夜的燃烧。理所当然地，由于没有温度计等器具，所以要通过从被预留的细小的液流孔流出的液流程度去判断炉内的熔融状态。

三昼夜之后，凿破炉体，堆积在炉底的铁块称为土铁（日本古代炼铁法生产的铁）。为了区分脚踏风箱式炼铁所得到的铁和西洋近代制铁方法所炼制得到的精钢，特将这种日本古代炼铁法生产的钢称为日本钢和玉钢。

当时，使用日本钢制造的是日本刀、厨房用刀、农具等，特别是对韧性和硬度都有要求的日本刀。当时的日本就已经知道碳素钢的性能会因含碳量的变化而改变，但还没有将其看成是一门科学。尽管如此，当时的日本刀已经不是所有的部位都是同样的性质，刀的内部使用了即使进行淬火也不会变硬的韧性高的含碳量0.2%左右的低碳钢，刀的表层使用了淬火变硬的含碳量0.6%左右的碳素钢。就是这样的传统技术，使日本刀不仅锋利而且耐腐蚀，锻造制成的刀保存30年以上也具有光泽。

表 3.1　当今的高炉法和脚踏风箱式炼铁法的比较

项目	现在的高炉法	脚踏风箱式炼铁
铁的原料	铁矿石	矿砂
炭（还原剂）	焦炭	木炭
造渣剂	CaO 等炉渣	窑土
生产效率	日产＞1000t	3t/3d
制钢	间接	直接
用途	通用产品和日用品	日本刀等

3.5 碳素钢的种类

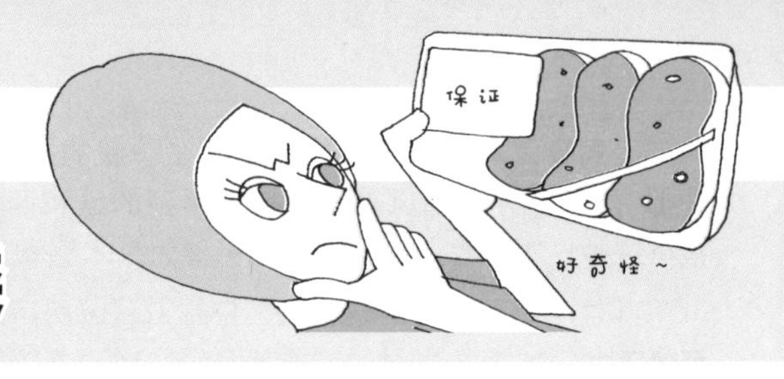

SS钢材保证抗拉强度

❶ 碳素钢有软钢和硬钢之分。
❷ SS钢材是只保证抗拉强度的典型的碳素钢。

(1) 软钢和硬钢

碳素钢能够分成软钢和硬钢，软钢是指含碳量为0.18%～0.30%，比较柔软而韧性高的钢材；硬钢是指含碳量为0.50%～0.60%，强度高而塑性低的钢材。碳素钢是指除以后要讲述的合金钢以外的所有钢的总称，但碳素钢中通常不仅只含有C，还含有称为五种主要元素的C、Si、Mn、P、S，钢的性质也因这些元素的含量不同而有所变化（第4章讲述的合金钢是指含有上述5种元素以外的元素的钢）。

在这里，我们介绍具有代表性的碳素钢。

(2) 一般结构用的轧制钢（SS钢）

在通常情况下，人们所说的钢都是指这种一般结构用的轧制钢（SS钢）。正如其名，“一般结构用”就是指被大量生产得最多的钢，广泛用于车辆、船舶、桥梁等。在这里，SS钢是steel for structure的简称。

在JIS标准的标记中，如SS400这样地在“SS”符号后缀三位数的数字，后缀的数字表示材料抗拉强度的最低保证值。例如标记为SS400，这就意味着抗拉强度最低也有400N/mm^2。规定最低标准的理由是因为难以准确确定某种材料的强度值，而且没有多大的实际意义。这可以理解为，当实际进行SS400的拉伸试验时，得到的抗拉强度有时候是480N/mm^2，有时候可能是600N/mm^2，但结果都满足“超过了抗拉强度的最低保证值”。

SS钢在其他的添加元素比例上，并没有如其他材料那样有详细的规定，最终只是规定了抗拉强度。

另外，SS钢能引以为豪的特点是不用进行热处理就能使用。换句话说，这意味着SS钢是在规定的抗拉强度范围内使用的钢材，不是通过后续的热处理使其性质改变后而使用的钢材。若是在要求更高的韧性、硬度、耐磨性、耐热性等技术指标的严酷条件下使用，最好选用其他钢材。

(3) 机械结构用的碳素钢（S-C钢）

机械结构用的碳素钢（S-C钢）与SS钢相比，是在更严酷的场合中所使用的钢材。结构用材作为构架只要能承受支撑结构的静态载荷就可以了，但在像车轮或齿轮等那样的高速旋转并承受巨大载荷的场合，就需要适应更加严酷的条件，只是能够保证抗拉强度是完全不够的。因此，这种钢材不仅是所含元素方面就与SS钢不同，五种主要元素C、Si、Mn、P、S的含量都进行了规定，用0.05%的增量指定各自含量的百分比。换句话说，即使添加元素的差异只有0.05%，也会影响到碳素钢的性能。

简单地说，S-C钢的可靠性比SS钢高，是更优良的材料。在JIS标准标记中，S和C之间能插入30或45等的数值，表示成S30C或S45C，这一数值表示钢中的含碳量。例如，30是指含有0.3%的碳，45是指含有0.45%的碳。

(4) 碳素工具钢（SK钢）

碳素工具钢（SK钢）是一种工具使用的钢材，通常用于机床刀具的钻头、车刀、铣刀、锉刀、锯以及压力机等。工具钢所要具备的条件是坚硬、耐磨损、强韧等，含碳量在0.60%～1.50%的范围内，分成了SK1～SK7的7种类型。这也就是说，这种钢材的含碳量比S-C材料的多。其中，含碳量低的那些材料用于压力机或压印机等容易承受冲击的构件的制造，含碳量多的用于锉刀或凿子等的制造。

(5) 锅炉以及压力容器用钢（SB钢）

通常，碳素钢不管是在常温时具有什么样的强度，只要温度超过300℃，其强度都会下降。由于在高温和高压下，无法保证SS钢材等的材料强度，所以，在已知材料将在高温和高压的环境下使用时，必须选择性能可以获得保证的材料。

锅炉以及压力容器所用的钢板（SB钢）是指即使是在高温和高压下使用也能稳定地保持强度的钢板。B是boiler的首字母。另外，这时的名称是钢板而不是钢材，这是因为针对每种厚度的钢板规定了含碳量。SB钢的组织特征是含碳量增加到0.20%～0.30%，Mn被控制在0.90%以下。另外，某些类型钢含有0.45%～0.60%的Mo，以抑制高温下的蠕变现象。

(6) 熔接结构用轧制钢（SM钢）

熔接结构用轧制钢（SM钢）是指适用于通过熔化钢材并将其衔接在一起，而进行熔接的钢材。这里的M是marine的首字母，原本是船体用钢材，现与SS

钢并列被广泛应用在工业领域。

SM钢的含碳量为0.18%～0.25%，在JIS标准的标记中，有SM490A、SM490B、SM490C等。在这里，标号中的“490”意味着抗拉强度的最低保证值为490N/mm^2。另外，A、B、C的标记是按照夏比吸收功的值所进行的分类，其韧性按A、B、C的顺序增强。

(7) 冷轧钢板和钢带（SPC钢）

结构材料要求具有韧性，但并不是所有的钢材都必须具有这种韧性。例如，钣金加工中的钢板弯曲、冲压加工中的汽车的车身成型等的场合，容易成型的要求比强度重要。这种钢板是将厚板状的板坯通过热轧或者冷轧等的轧制加工，按照步骤而逐渐减薄（图3.20）。

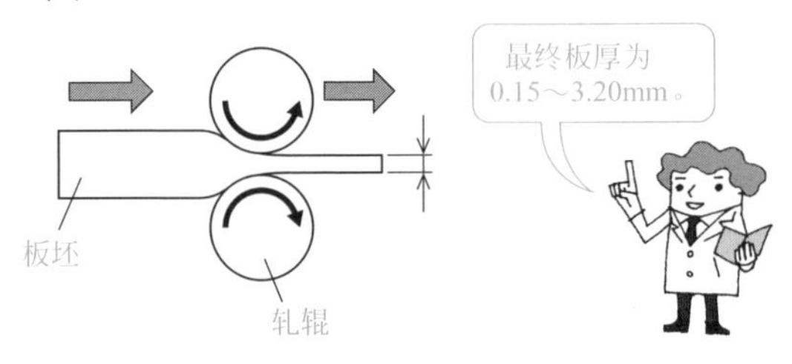

图3.20 轧制加工

冷轧钢板以及钢带（SPC钢）是在接近常温的温度下，轧制的典型性板材。这种材料由于价格便宜、具有良好的加工性且表面光滑，因此，通常被用于钣金加工和冲压加工。在JIS标准的标号中，以SPC之后缀一文字符的形式来表示。

SPCC是直接以平板形式来使用或者用于弯曲加工。SPCD（拉伸用）通常用于汽车的顶盖板或者前盖等，另外，SPCE（深拉伸用）用于汽车的护板（挡泥板）、前面板等。

另外，SPC是steel plate cold的简称，其后缀的第4个字母，C为commercial、D为drawing、E为deep drawing的简称。

专栏 鸡蛋和夹层玻璃

你知道蛋壳的表层和里层具有不同的强度吗？蛋壳为了保护内部的雏鸡，具有极强的抵御外部载荷的能力，但另一方面，在雏鸡孵化时，为了鸡雏容易破壳而出，具有较低的抵御内部载荷的能力。

这种现象被应用于汽车的前窗玻璃。这是因为，前窗玻璃在行驶中，经常会被小石子等撞击，所以，需要具有极强的抵抗来自外部载荷的能力。但是，在车内人员的头部等因事故等原因从内侧撞击前窗玻璃时，玻璃容易破损，从而能吸收冲击而保护生命。

夹层玻璃就是如此这般地起着作用。

习题

习题3.1 简述钢铁生产流程中的炼铁和炼钢的不同。

习题3.2 简述铁与钢的区别。

习题3.3 简述纯铁的A_3相变线和A_4相变线所指的是什么。

习题3.4 简述纯铁的A_2相变线是指什么。

习题3.5 简述在碳素钢的平衡状态图中横轴和纵轴分别表示什么。

习题3.6 简单归纳铁素体和渗碳体的特征。

习题3.7 碳素钢的热处理方法有4种。简单说明各方法的名称和作用。

习题3.8 说明什么是渗碳。

习题3.9 说明SS钢与S-C钢的差异。

习题3.10 简单归纳SK钢的特征。

习题3.11 简单归纳SB钢的特征。

习题3.12 简单归纳SM钢的特征。

Memo

第4章

合金钢

一般情况下，使用SS钢或者S-C钢就能够满足对材质的要求。但是，有的时候，还需要能在恶劣的环境中使用的材料。例如，强度更高的材料，可以承受更高温度的材料以及更难以腐蚀的材料等。

合金钢是在主要的五种元素的基础上，还添加了某些元素而冶炼出的钢铁材料。了解掌握这些合金钢的性能，可以在适当的场合来使用适当的材料，也能拓展机械设计的范围。

4.1

合金钢的成分

确定合金性能的五种主要元素

❶ 主要的5种元素是C、Si、Mn、P、S。
❷ 合金元素有Cr、Mo、V、W、Co等。

（1） 5种主要元素的作用

在进行合金钢的说明前，首先对碳素钢中所含有的五种主要元素的特点进行总结说明。这五种元素在产品的质量检验单（制造公司的产品记录）上也是必须记载其含量的。

① 碳（C）

碳是钢中必不可少的重要元素，正是如此才称为碳素钢，碳是增加钢的硬度和强度的最大因素。

② 硅（Si）

Si是用于去除钢液中的氧的元素，具有增加抗拉强度和硬度的作用。

③ 锰（Mn）

Mn是用于去除钢液中S的元素，有利于提高热处理的效果，具有增加钢的韧性的作用。

④ 磷（P）

钢中的P是有害元素，在低温时具有使钢变脆的特性。

⑤ 硫（S）

钢中的S是有害元素，在炽热状态时具有使钢变脆的特性。

在这里，P和S是在钢中含量越少越好的杂质。为什么五种主要元素中包含了杂质在内？这是因为，在炼钢的工艺流程中，无论如何都避免不了这些杂质的混入，所以，需要明确其混入量，并表示这些杂质的混入量越少钢材就越优质。

（2） 合金元素的作用

合金钢是指除了五种主要元素以外还添加了其他合金元素所炼制的钢材，所添加的典型的合金元素如下所述。另外，合金元素的作用如图4.1所示。

① 铬（Cr）

Cr具有提高淬透性，增加耐蚀性的作用。将Cr含量超过13%的钢称为不锈钢。

② 钼（Mo）

Mo具有在钢中形成碳化物，并以此来提高耐磨性的作用。另外，还有提高回火后的韧性，使钢在高温条件下增加硬度的作用。而且，不锈钢中的钼还具有更好的耐蚀性。

③ 钒（V）

V具有在钢中形成碳化物，并以此来提高耐磨性的作用。另外，还具有促进钢的晶粒细化的作用以及防止脱碳的效果。

④ 钨（W）

W具有在钢中与Cr和V共同形成复合碳化物，并以此来提高耐磨性的作用。另外，还有提高耐热性的作用。

⑤ 钴（Co）

Co具有强化淬火组织（马氏体），并防止钢中的碳化物脱落的作用，还具有即使在高温条件下也能保持其硬度、承受强载荷的作用。

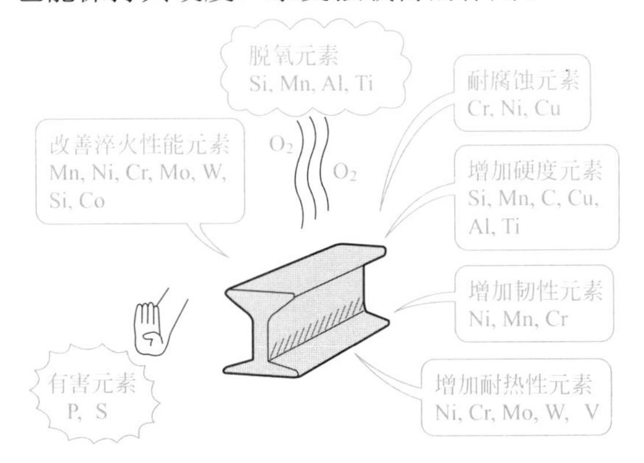

图4.1　合金元素的作用

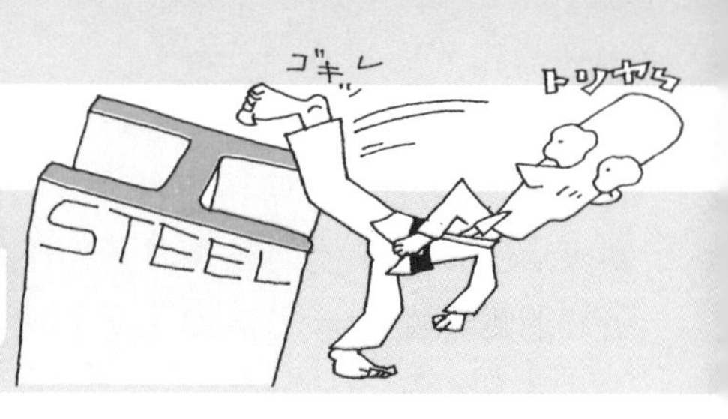

4.2 机械结构用合金钢

使用高强度、强韧的合金钢

❶ 机械结构用合金钢有强韧钢和高强度钢。
❷ 高强度钢也称为高张力钢。

机械结构用合金钢与一般结构用轧制钢（SS钢）相比，具有更高的抗拉强度和韧性强度。机械结构用合金钢包括强韧钢和高强度钢。

（1）强韧钢

作为强韧钢的合金钢其抗拉强度和韧性都比碳素钢更优良，用于齿轮、轴以及螺栓等的制作，主要的合金元素有Mn、Cr以及Mo等（图4.2）。典型的有以下钢种。

① Cr（铬）钢（JIS标记：SCr）

Cr钢是在钢中添加1.0%左右的Cr，提高钢的淬透性，具有韧性强的特征。

② Cr-Mo（铬钼合金）钢（JIS标记：SCM）

Cr-Mo钢是除了添加Cr外，还添加0.25%左右的Mo，在提高淬透性的基础上，抑制因回火造成的硬度降低，按合金成分的词头字母也称为“铬钼”。

③ Ni-Cr（镍铬合金）钢（JIS标记：SNC）

Ni-Cr钢是在钢中添加1.0%～3.5%的Ni，提高韧性，添加0.2%～1.0%的Cr，提高淬透性。

④ Ni-Cr-Mo（镍铬钼）钢（JIS标记：SNCM）

Ni-Cr-Mo钢是在Ni-Cr钢中添加0.15%～0.70%的Mo，提高钢的韧性和抗拉强度。

⑤ Mn（锰）钢（JIS标记：SMn）

Mn钢是在钢中添加1.5%左右的Mn，提高钢的淬透性。

⑥ Mn-Cr（锰铬）钢（JIS标记：SMnC）

Mn-Cr钢是在Mn钢中添加0.5%左右的Cr，进一步提高钢的淬透性。

保证淬透性的合金钢在JIS标准中的标记是在符号的后面后缀H（淬透性，hardenability），例如SCM420H，在日本通常将其称为H钢。

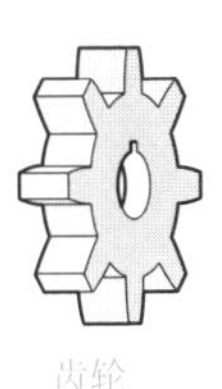

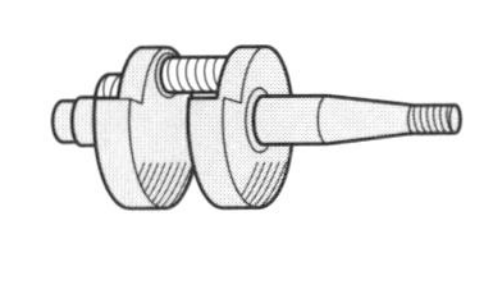

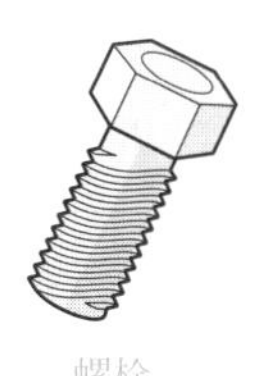

图4.2　强韧钢的用途

（2）高强度钢

常用SS钢材中的SS400，其标记中“400”表示钢材的抗拉强度为400MPa。高强度钢是抗拉强度为490MPa以上的钢材。高强度钢的英文名称是high tensile steel。在尺寸相同的情况下，如果强度增加，则可以相应地使产品的壁厚变薄，因此，高强度钢被用于制造汽车的车身结构件，有利于汽车的轻量化等。

另外，高强度钢也被用于高层建筑以及大跨度桥梁（图4.3）等的建造，使用的钢材主要是抗拉强度为590MPa、780MPa的钢材。在近年，也出现了抗拉强度为1GPa级的钢材。

图4.3　高强度钢的用途

4.3 合金工具钢

工具钢需要有硬度和韧性

❶ 合金工具钢被分为切削用、耐冲击用以及模具用。
❷ 高速工具钢是为使高速旋转时的切削能力提高而使用的工具钢。

正如在碳素工具钢中所述的那样，要求工具钢具有坚硬、不易磨损且韧性高的特性。由于碳素工具钢的淬透性低，因此，不适合用于厚壁工具的制作。合金工具钢是通过添加其他的合金元素，并对碳素工具钢进行改进而获得的，分为切削用、耐冲击用以及模具用等类型。

（1） 合金工具钢的类型

① 切削用（JIS标记：SKS）

切削用合金工具钢是在含碳量0.75%～1.50%的基础上，添加Cr和W，从而使其硬度和耐磨性得以提高，通常用于制作车刀（图4.4）、圆锯以及带锯等切削工具。

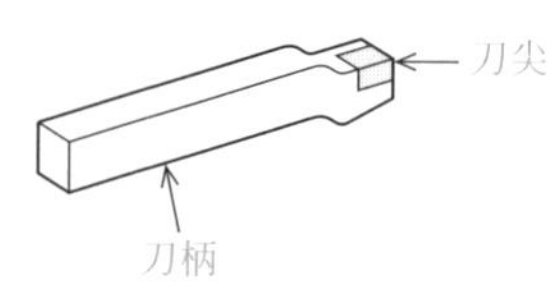

图4.4　车刀

② 模具用（JIS标记：SKS，SKD，SKT）

在锻造或者冲压加工中所使用的模具用合金钢来制作，这种合金钢分为冷加工模具用（SKS、SKD）和热加工模具用（SKD、SKT）。无论是哪种都是添加Mn和Cr等，从而使其耐磨性得以提高。热加工模具钢要将C含量降低到0.25%～0.50%，从而来防止高温下的裂纹等。

③ 耐冲击用（JIS标记：SKS）

耐冲击用合金工具钢是在含碳量0.35%～1.10%的基础上，添加Cr、W、V等，通过淬火使其表面硬度得以增加，用于制作凿子或冲子等需要承受冲击载荷的工具（图4.5）。

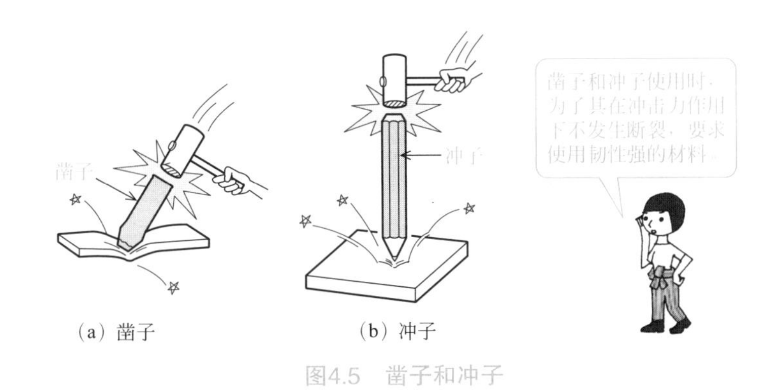

图4.5　凿子和冲子

(2) 高速工具钢

众所周知，切削工具的硬度在高速旋转时会降低。因此，为了使其在高速旋转时的切削能力得以提高，在钢中添加W和Mo，而开发出的高速工具钢，不仅硬度不会降低，而且其耐磨性也得以提高。

W系列的高速工具钢具有优异的硬度和耐磨性，而添加Co的材料更具有优异的特性。另外，Mo系列的高速工具钢是减少W并添加Mo和V的合金元素，尽管高温时的硬度会略微下降，但韧性优异。

(3) 硬质合金

硬质合金与高速工具钢相比，不仅是在常温时的硬度优异，而且在高温时的硬度也只是略微降低，被广泛作为切削工具的材料使用（图4.6）。力学性能优良的碳化钨（WC）是将Co作为黏合剂而制成的。

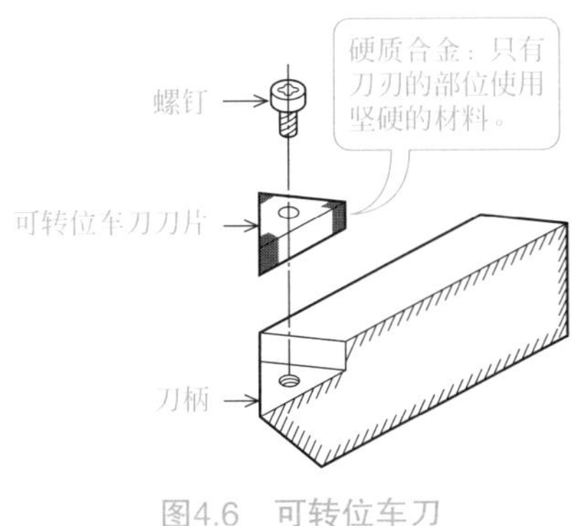

图4.6　可转位车刀

由于这种硬质合金具有高达2900℃的高温熔点。因此，这种硬质合金采用粉末冶金工艺制造，先压制金属粉末，然后烧结并硬化。

4.4 耐蚀钢和耐热钢

不锈钢不易生锈的原因是具有牢固的保护膜

❶ 代表性的耐蚀钢是Cr含量在12%以上的不锈钢。
❷ 耐热钢是即使在高温中也不氧化，强度和硬度都不降低的钢。

（1）耐蚀钢（SUS钢）

碳素钢具有容易生锈这一缺点，因此在被制作成产品时，往往需要进行涂覆或者表面处理。通过添加Cr或Ni的合金元素来解决这一问题的就是耐蚀钢（SUS钢）。在这里，SUS是steel special use stainless这一英文名称的缩写，要注意的是它只是stainless（难腐蚀），并不是完全不腐蚀。

众所周知，添加12%以上的Cr就能够显著地提高材料的耐蚀性，这种钢就是不锈钢（图4.7）。不锈钢的耐蚀性得以提高的机理，就是在金属的表面形成了一层牢固的氧化薄膜，而且这一薄膜非常薄，所以，材料也不会失去金属的光泽。

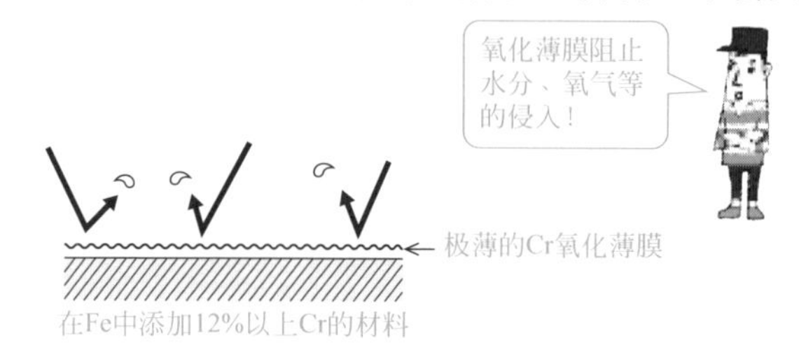

图4.7　不锈钢

按成分的差异，不锈钢大致可以分为三种类型。

① 13Cr不锈钢

13Cr不锈钢是属于马氏体系列的不锈钢，用于其硬度的要求高于耐蚀性的场合。通常用于螺钉、螺栓、螺母、手动工具、刀具、剪子等的制作。在典型的JIS标准中的标记是SUS403，即Cr含量为11.5%～13%的不锈钢。另外，在国内通常将SUS称为“不锈钢”。

② 18Cr不锈钢

18Cr不锈钢是属于铁素体系列的不锈钢，用于其耐蚀性的要求高于硬度的场合。其广泛应用于家庭用器具或者建筑材料等。在典型的JIS标准中的标记是

SUS430，即Cr含量为16%～18%的不锈钢。

③ 18Cr-8Ni不锈钢

18Cr-8Ni不锈钢是属于奥氏体系列的不锈钢，这是3种类型不锈钢中，最难生锈的钢种。由于其加工性和熔接性都很优异，因此被广泛应用在建筑材料、汽车、铁道车辆、化学装置以及原子能装置等为中心的领域。在典型的JIS标准中，标记有SUS301和SUS304等，SUS301是指含有16%～18%的Cr和6%～8%的Ni的不锈钢，SUS304是指含有18%～20%的Cr和8%～10.5%的Ni的不锈钢。

另外，18Cr-8Ni不锈钢材料会因为拉伸应力和腐蚀环境的相互作用而产生裂纹，并且这种裂纹会随时间的延续而得以扩展，这种现象称为应力腐蚀开裂。因此，在原子能装置的安全设计中需要特别地注意。

此外，在刀子和叉子上有时会发现“18.8”这样的刻印，这意味着这套刀叉是由这种奥氏体不锈钢制造的。

(2) 耐热钢（SUH钢）

碳素钢在高温时容易氧化，并且强度和硬度也会有所降低。耐热钢（SUH钢）就是即使长时间处在高温的空气或者腐蚀气体中，也能够通过减少氧化和腐蚀的速度，来抑制强度和硬度的降低。耐热钢的合金元素与耐蚀钢相似，为了提高耐热性而添加Ni，为了改善耐氧化性而添加Cr、Si，为了提高高温时的强度、硬度而添加W、Mo、Ni、V等。

另外，耐热钢具有较高的耐热性，因此，通常在大约400℃或更高的高温范围内使用。但也有可以承受高于600℃或1000℃等温度附近使用的耐热钢以及能够在更加高的温度的场合使用的耐热钢。

耐热钢的用途有，汽车发动机的气门（图4.8）、燃气轮机的叶片以及加热炉的零件等。

图4.8　耐热钢

4.5

特殊合金钢

轴承和弹簧使用的特殊合金钢

❶ 滚动轴承使用轴承钢。
❷ 弹簧使用弹簧钢。

（1）轴承钢（SUJ钢）

轴承钢（SUJ钢）是用于承受高速循环载荷，并对耐磨性能有要求的滚动轴承用钢（图4.9），其正规的名称是高碳铬轴承钢。这种钢是在含碳量为0.95%～1.10%左右的钢中添加0.90%～1.60%左右的Cr，使其耐磨性得以提高。另外，添加少量的Mn和Mo，使其淬透性得以提高。

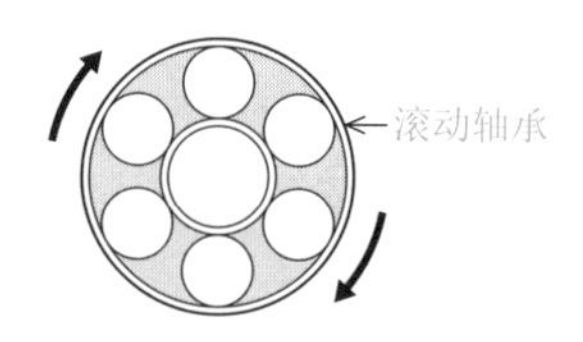

图4.9　轴承钢

滚动轴承钢在JIS标准中用SUJ标记来表示，一般的轴承使用SUJ2，厚壁的使用添加Mn的SUJ3，提高淬透性的使用添加Mo的SUJ4、SUJ5等。

（2）弹簧钢（SUP钢）

弹簧需要具有能够承受振动以及冲击载荷的巨大的弹力性能，另外，还要能够承受循环载荷，满足这些要求的材料就是弹簧钢（SUP钢），其正规的名称是弹簧钢型材（图4.10）。弹簧钢用于制作螺旋弹簧、板簧以及扭转弹簧等，主要采用热成型工艺，其用途主要是面向汽车。弹簧钢在JIS标准中用SUP标记来表示，高碳弹簧钢的标记为SUP3，硅锰弹簧钢的标记为SUP6、SUP7，锰铬弹簧钢的标记为SUP9，除此之外，还有一些其他用途的规格。

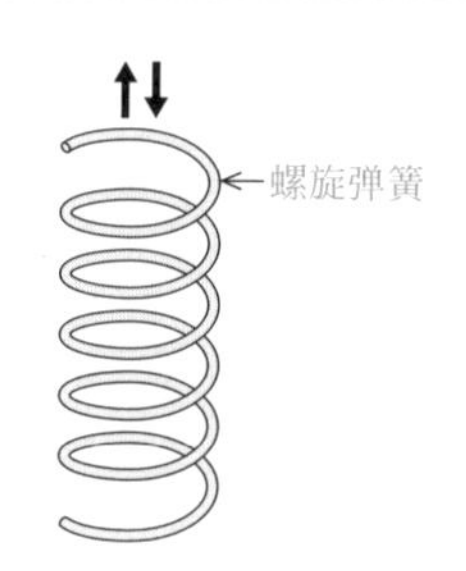

图4.10　弹簧钢

（3）易切削钢（SUM钢）

易切削钢（SUM钢）是通过向钢中添加P或S等元素，使其材料的加工性相对于力学性能得以提高的钢材。其中，有一种添加了Pb而易造成铅中毒。因此，从环境保护的角度，正在推进无Pb的易切削钢的开发。

在JIS标准中，易切削钢用SUM标记来表示，规格有强度相当于SS400的SUM31，相当于S45C的SUM45等。

由于这种钢容易切削，因此高等职业学院的初次车床加工实习大多数都采用这种易切削钢。

专栏 储氢合金

众所周知，有些金属或合金具有捕捉到氢的能力。储氢合金是指通过与氢反应形成氢化物，从而存储大量氢元素的一类合金。金属吸收氢元素与将气体状态的氢存储于气瓶的方法相比，最大优点在于在同一体积下能够存储大约5倍的氢。这样一来，相当于100kg合金能够存储大约2kg的氢。

在储氢合金中，由于氢按晶体结构呈现规律排列，因此能够实现远高于气体的氢元素填充密度。另外，氢元素的释放进行得比较缓慢，则能够防止氢急剧泄漏所造成的事故的发生。进而，利用在溶液中发生的电化学储氢，能够作为高效的充电电池的电极。应用这项技术的具体实例，有混合动力车、燃料电池车以及手机的充电电池等。

但是，储氢合金相关的研究课题还有很多。问题有如下几点，一是因为合金的质量过大，不适合用于车载等使用的目的；二是合金使用的稀土元素和催化元素的价格过高，且资源稀缺，难于进行再利用；三是氢元素的反复存储和释放致使材料变脆，而且存储率下降。

习题

习题4.1　总结碳素钢的五种主要元素和合金钢的主要元素。

习题4.2　列举强韧钢的主要合金元素和其JIS标准中的标记。

习题4.3　简述在日本称什么钢是H钢。

习题4.4　简述什么是高强度钢。

习题4.5　总结对工具钢的要求。

习题4.6　合金工具钢按用途分为3种类型，简述各自的用途。

习题4.7　简述高速工具钢的主要合金元素和其JIS标准中的标记。

习题4.8　回答硬质合金中力学性能最优异的材料名称。

习题4.9　列举2个耐蚀钢中的代表性合金成分，按成分的差异分成3种类型。

习题4.10　不锈钢为什么耐蚀性能优异，阐述原因。

习题4.11　回答耐蚀钢和耐热钢在JIS标准中的标记。

习题4.12　列举两个特殊合金钢。

第5章

铸铁

通常，碳素钢都是预先被加工成板状或棒状，然后进行切割或者切削，最终被制作成各种产品。

但是，当我们要求制作形状复杂的零部件或者立体形状的物体时，仅仅采用板料和棒料的组合是难以制作的。

在这种场合下，铸造这种将熔化的金属流入成型模具的方法就是最佳的选择。

铸铁是适用于这类铸造的材料。

5.1

铸铁概述

铸铁的熔点低，并且硬而脆

❶ 铸铁是硬而脆的材料，但因其熔点低而适合铸造。

❷ 铸铁的性质可以通过读取双重相图和莫勒硅碳组分图来掌握。

(1) 铸铁的性质

铸铁是指铁中的含碳量为2.14%～6.67%的金属材料。含碳量低于这一范围的就是碳素钢。碳素钢主要是采用轧制成型的板材或棒材，而铸铁则是利用其熔点低的特点，使其熔化后流入模具而进行成型，将这种制造方法称为铸造。铸铁具有硬而脆的特性，缺点是抗拉强度、抗弯强度以及韧性等力学性能都低于碳素钢。另一方面，铸铁的抗压强度和耐磨性都优于碳素钢。

(2) 铸铁的组织

表示铸铁组织的平衡状态图是在碳素钢状态图的横轴的刻度上，设定含碳量的上限值。众所周知，因冷却速度的不同，铸铁中的C会形成渗碳体或石墨这两种独立的形式，由于要用一份平衡状态图来表示这两种物质，所以，就称为双平

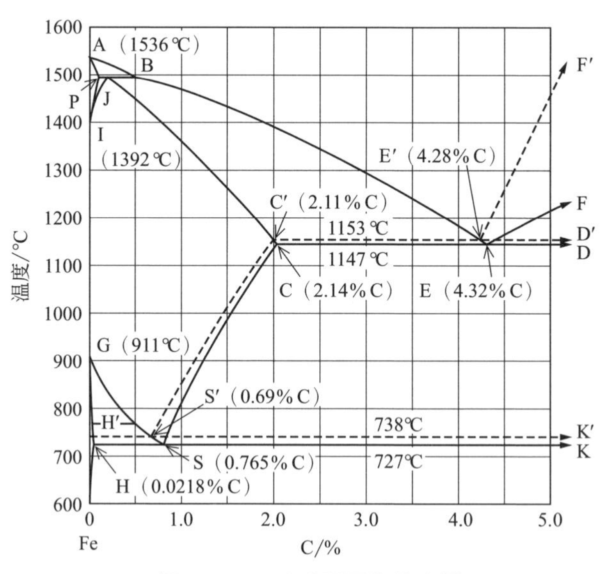

图5.1　Fe–C系双平衡状态图

衡状态图（图5.1）。在这张图中，将用实线表示的铁-渗碳体（$Fe-Fe_3C$）系称为亚稳定系相图，用虚线表示的铁-石墨（Fe-C）系称为稳定系相图。

铸铁的组织按照碳的状态，可以分为如下的几种类型。

白口铸铁［图5.2（a）］的主要成分是质地硬而脆的渗碳体，断口呈白亮色。灰口铸铁［图5.2（b）］的主要成分是软的铁素体以及铁素体和渗碳体的层状组织构成的珠光体，断口呈灰黑色（灰色）。呈现灰黑色的原因是材料中含有石墨（graphite）。另外，将白口铸铁和灰口铸铁构成的混合组织称为麻口铸铁。

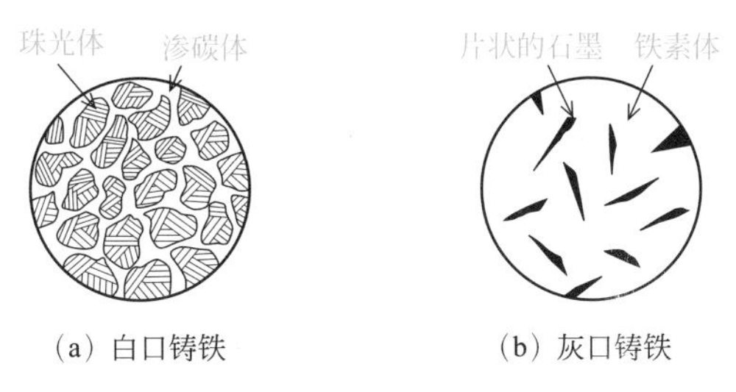

图5.2　铸铁的组织

影响铸铁组织的最大因素是C和Si的含量和冷却速度。可以用图来表示C和Si的化学成分与铸铁组织之间的变化关系，将这个图称为莫勒硅碳组分图（图5.3）。例如，由图可知如果C和Si的含量少，就容易生成白口铸铁，如果C和Si的含量多，就容易生成含石墨的灰口铸铁。

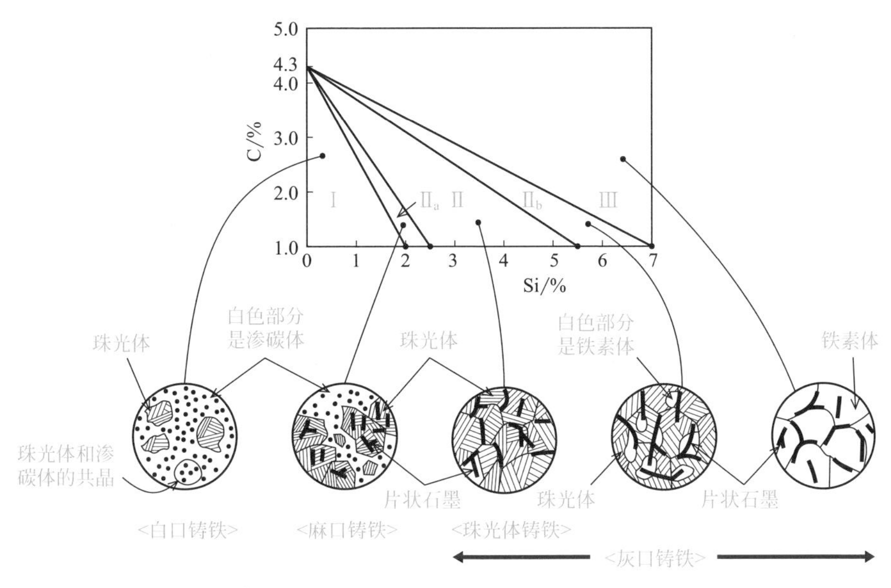

图5.3　莫勒硅碳组分图

专栏　炼金术

炼金术是指采用化学的方法从铅或水银等便宜的金属中，提炼金等贵金属。这是古希腊研究成果的一种应用，当时所处时代的炼金术是合法学说的一部分。因此，炼金术也同其他学科一样，通过实验得以发展，诞生了各种发现和发明，旧学说和旧原理被否定，最终催生出真正的化学科学。

从现在来看，人们对炼金师们所尝试的将便宜的金属变为金的愚蠢行为会不假思索地付之一笑，但是，不可否认的是历代炼金术士对现代人所学习的知识的积累做出了许多贡献。实际上，英语中的炼金术使用alchemy这一单词，而化学使用chemistry这一单词，这就意味着炼金术被化学继承。另外，众所周知，牛顿为现代科学的建立做出了巨大贡献，但他也致力于炼金术的研究。

现在，炼金术一词已经脱离了原有的含义，往往在偷偷摸摸蒙骗不义之财之术的意义上使用。

5.2

铸铁的种类

真能在灰口铸铁中看到老鼠?

❶ 灰口铸铁也称为片状石墨铸铁。
❷ 球墨铸铁和可锻铸铁等也被广泛使用。

(1) 灰口铸铁（FC铸铁）

灰口铸铁（FC铸铁）是从很早以前就开始生产的常用铸铁，有段时期也称为普通铸铁。这里所说的普通铸铁是指“没有添加特殊的合金元素”的含义。在JIS标准的标记中，用FC来表示灰口铸铁，规定了FC100～FC350的6种类型。在这里，FC后缀的数字与SS钢是同样的，表示抗拉强度的最低保证值。正如我们所知的典型的SS钢是SS400，显然，FC铸铁的抗拉强度小于通常的碳素钢之中的SS钢。因此，铸铁不适合用于制作承受较大拉伸载荷的结构件。

另外，分散在灰口铸铁组织中的石墨形状呈蛾眉月状（月亮在初三的形状），因此，被称为片状石墨铸铁（图5.4）。片状石墨铸铁中所含有的石墨是铸铁的优点，在提高耐磨性和吸收振动等方面起着有效的作用。但是，因为蛾眉月状的石墨边缘尖锐，所以这就如同在铸铁的内部分散着龟裂状的缺陷，进而，在这种边缘尖锐处容易发生应力集中，导致裂纹容易以此为契机扩展。因此，普通铸铁抵御较大的塑性变形能力差。

图5.4　显微镜观察到的片状石墨铸铁的示意

另外，据说灰口铸铁是因为通常呈现老鼠一样的灰色而被命名，但也有说是因为这种片状的石墨看起来像老鼠。若要证明这种说法是否是真实的，最好用显微镜实际观察一下这种组织。

(2) 球墨铸铁（FCD铸铁）

球墨铸铁（FCD铸铁）是将片状的石墨转变成球状的组织，此时的球状石墨能够分散所承受的外部作用力等，因此，球墨铸铁是高韧性的铸铁（图5.5）。在JIS标准的标记中，用FCD来表示球墨铸铁，划分为FCD370～FCD800的7种类型。在这里，FCD后缀的数字表示抗拉强度的最低保证值，球墨铸铁是抗拉强度数值大于灰口铸铁的材料。

图5.5 显微镜观察到的球墨铸铁的示意

(3) 可锻铸铁（FCM铸铁）

可锻铸铁（FCM铸铁）是通过对白口铸铁进行热处理，并将渗碳体转换成石墨，形成高韧性的组织。这种铸铁有黑心可锻铸铁、白心可锻铸铁以及珠光体可锻铸铁3种类型。另外，“锻”字容易让人们认为这就是锻造，但是，这并不意味着它不像其他铸铁一样的脆，实际上这种铸铁是不能进行锻造的。

① 黑心可锻铸铁（FCMB铸铁）

黑心可锻铸铁具有接近低碳钢的抗拉强度，这种铸铁是通过对白口铸铁进行两次退火处理，将渗碳体全部分解成铁素体和石墨而形成的。

② 白心可锻铸铁（FCMW铸铁）

白心可锻铸铁是通过对白口铸铁的表面进行脱碳，形成铁素体，并使其表面具有与低碳钢相同强度的材料。这种材料的内部是在珠光体中混有少量的碳的坚硬组织。因此，这种材料适合于厚度为15mm以下的薄壁铸件。

③ 珠光体可锻铸铁（FCMP铸铁）

珠光体可锻铸铁是在白口铸铁中添加Mn等形成珠光体，使材料的抗拉强度增加。另外，延展率会稍微降低。

(4) 合金铸铁

在上述所述的灰口铸铁、球墨铸铁以及可锻铸铁中，作为合金没有进行特殊的分类，在JIS标准中，也只是规定了抗拉强度和硬度等的力学性能指标。与之相应，规定合金元素的含量，使铸铁的性能得以提高的材料称为合金铸铁。

① 高铬铸铁

这是添加了Cr合金元素的铸铁，高温下的耐磨性优异。

② 高硅铸铁

这是添加Si合金元素的铸铁，耐热性和耐酸性都优异。

（5） 铸钢（SC钢）

将铸造中使用的碳素钢或合金钢称为铸钢（SC钢），这是铸铁的强度或硬度不足的场合所使用的材料。在JIS标准的标记中，规定有SC360、SC410等，SC后缀的数字同样是表示抗拉强度的最低保证值。这种材料在铸造后进行适宜的热处理，韧性等也能够得以提高。

专栏　大佛像的制作方法

在日本，很早就开始采用铸造的方法来制作佛像。但是，像大佛这样如此巨大的铸造物是用什么样的方法铸造出来的?

首先，以佛像的外侧为模型，用黏土制作成铸模，并设计成只有佛像的壁厚那么大的间隙，然后，将熔化的金属液浇注满这一间隙（图5.6）。还有，奈良大佛于743年开始建造，于771年全部建造完成，就是说大佛的建成花费了大约30年的时间。浇注这一大佛所使用的金属是铜。

另外，镰仓的大佛铸造开始于1252年，准确的完成年份不明。

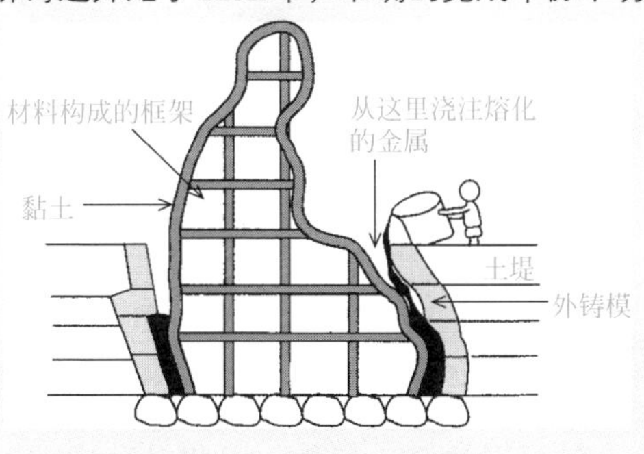

图5.6　大佛的制作方法

习题

习题5.1 简述铸铁的含碳量和其特性。

习题5.2 表示铸铁组织的平衡状态图称为什么？简述这样表示的原因。

习题5.3 按照铸铁组织的差异，将铸铁分成哪3种类型？

习题5.4 表示对铸铁组织有着巨大影响的添加元素C和Si的量与冷却速度之间关系的图称为什么图？

习题5.5 回答灰口铸铁的别称和JIS标准中的标号，简述表示灰口铸铁最大抗拉强度的JIS标注方法。

习题5.6 简述片状石墨铸铁的形状和性质。

习题5.7 简述球墨铸铁的特征和JIS标准的标号。

习题5.8 简述什么是可锻铸铁。另外，可将其分成哪3种类型？

习题5.9 合金铸铁都有什么样的类型，并列举2个。

习题5.10 铸钢是什么，并简单说明。

第6章

铝和铝合金

Al（铝）是重量轻而又结实耐用的非铁金属的代表，并且铝合金的类型也非常丰富。铝被广泛应用到各个领域，从铝制的易拉罐、铝锅以及铝制窗框，到汽车、铁道车辆以及飞机等。

在本章中，将学习Al的特性和制造方法以及实际使用场合下的选择方法等。

6.1 铝的性质

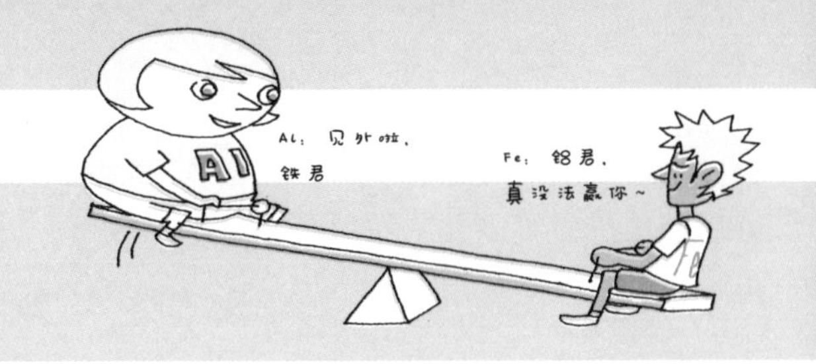

铝是质量轻而结实的金属代表

❶ Al是富有塑性的元素，它的密度仅为Fe的三分之一。

❷ Al是通过电解铝土矿而制造出来的。

（1） Al的性质

尽管铝（Al）是地球表面上含量最丰富的金属，但是，由于铝是以结合力较大的化合物形式存在于地壳中，因此人们并不认为铝是金属材料。直到1807年，英国的戴维（Sir H.Davy）通过电解的方法成功地制造了氧化铝（Al_2O_3），并以此为契机开始了Al的制造。然后，在20世纪中叶左右，随着高效的发电厂的大规模建设，建立了高效的电力输送系统，实现了大规模的Al的电解精炼，从此，铝的大量生产成为可能。由此可知，Al是一种相对比较新的金属材料。

Al的密度是$2.7\times10^3kg/m^3$，轻到仅为Fe（密度$7.8\times10^3kg/m^3$）或Cu（密度$8.9\times10^3kg/m^3$）的大约三分之一（图6.1）。如果为了节省燃料，使用轻量的材料来减小机械（例如，飞机以及铁道车辆）重量，铝就具有重要的优势。另一方面，在减小构件重量的同时，若构件的强度随之降低，这就会出现问题，但Al的比强度（即，按单位质量计算的强度）较大。为此，Al具有既轻量又结实耐用的特点，可以在各种机器中使用。Al被广泛应用于机械设备的框架部位。

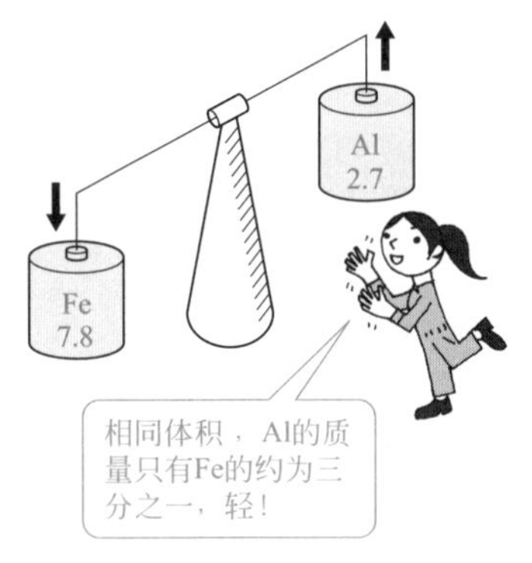

图6.1　Al的密度

Al具有在空气中容易自然氧化的性质。这样一来，在Al的表面就形成Al_2O_3的薄膜，具有防止腐蚀的作用。

除此之外，Al还有容易导电和传递热量的性质（表6.1），因此，被用于制作输送电缆以及热交换器等，并且Al具有其他金属所没有的特殊的白色光泽，因而被制作成反射镜以及装饰品。

表6.1 Al和Fe的物理性质

	Al	Fe
原子序号	13	26
晶体结构	面心立方晶格	体心立方晶格
密度 /$\times 10^3$kg · m^{-3}	2.7	7.8
热导率 /W · m^{-1} · K^{-1}	237	80.2
电导率 /（mΩ）$^{-1}$	37.7×10^6	9.93×10^6
比热容 /J · kg^{-1} · K^{-1}	900	440
熔点 /℃	660	1535
抗拉强度 /MPa	70	180～300

（2） Al的制造方法

Al的原材料被称为铝矿石，这是一种含有52%～57%氧化铝的赤褐色矿石，主要产地在澳大利亚、中国以及巴西等地。

Al的制造，首先是纯化过程，这是将原材料铝矿石进行电解，提取白色粉末状的氧化铝。然后，氧化铝在融化的冰晶石熔剂中被电解，分解为铝和氧，从而制造出铝锭。如图6.2所示的电解工艺需要大量的电力，因此，有时电解铝的工艺也称为“耗电的无底洞”。于是，在日本通常是进口电解精制的铝锭来使用。

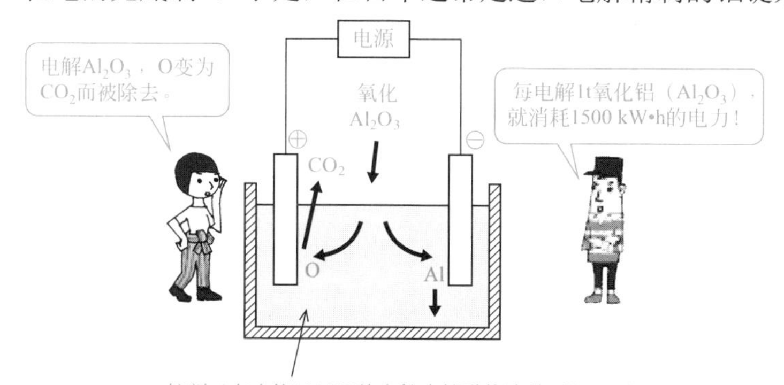

图6.2 电解法制铝（霍尔—埃鲁铝电解法）

电解而获得的铝锭通过轧制、挤压、锻造以及铸造等加工方法，成型为各种形状的型材产品。

6.2 铝合金

变身为铝合金就能够提高性能

❶ 铝合金分为轧制用和铸造用。
❷ 铝合金以硬铝为代表，有各种类型。

(1) 铝合金

尽管纯铝的抗拉强度并不大，但是，在铝中添加Cu、Si、Mg、Mn、Zn等元素的铝合金，经过轧制等加工以及热处理工艺后，其力学性能得以改善。在JIS标准中，铝合金分为轧制用（变形铝合金）和铸造用（铸造铝合金）两种（图6.3、表6.2）。首先，轧制是指被加工成板状或者棒状的型材出售，而后，经塑性加工变成产品的形状。与之相比，铸造是指将熔化的铝合金浇注模具中，一次成型。

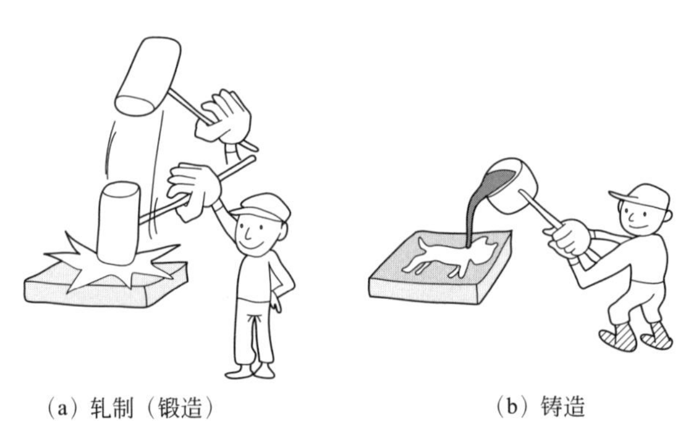

(a) 轧制（锻造）　　(b) 铸造

图6.3　锻造和铸造

(2) 铝合金的加工性

① 切削加工

与钢铁材料相比，铝合金因其切削抵抗小，所以切削性能好。但是，由于铝合金的热导率大，所以切削刃具的发热所引起的热膨胀就会引发问题，因此，需要使用适当的润滑剂，来降低切削温度。

表6.2　轧制用和铸造用铝合金的JIS标准分类

分类	
轧制用铝合金（变形铝合金）	纯铝（1000系列）
	Al-Cu系合金（2000系列）
	Al-Mn系合金（3000系列）
	Al-Si系合金（4000系列）
	Al-Mg系合金（5000系列）
	Al-Mg-Si系合金（6000系列）
	Al-Zn-Mg系合金（7000系列）
铸造用铝合金（铸造铝合金）	Al-Si系合金（铝硅系合金）
	Al-Mg系合金（铝镁系合金）
	Al-Cu系合金（铝铜系合金）
	Al-Si-Mg系合金（铝硅锰系合金）

② 塑性加工

金属在外力的作用下发生变形，这时的金属将变得既脆又硬，这种现象称为加工硬化。为避免加工硬化，加热金属重新进行形核和晶核长大的过程称为再结晶，再结晶的温度因材料的不同而有所不同。将再结晶温度以上所进行的加工称为热加工，并将再结晶温度以下的加工称为冷加工。

铝合金具有优异的热加工性能，通过轧制、挤压以及锻造等的加工，能够成型为形状复杂的制品。并且，铝合金也具有优异的冷加工性能，不仅适合进行轧制和挤压，也适合于弯曲和拉伸加工等的冲压加工。但是，与钢板相比，铝合金的冲压成型性能较差（图6.4）。这就是汽车的车身无法推进全铝化的原因之一。

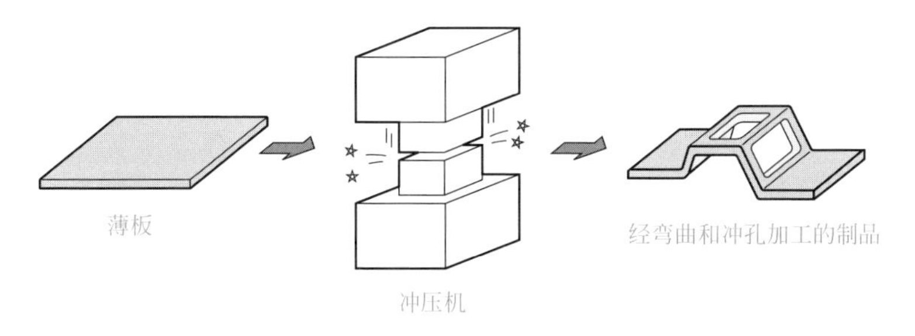

图6.4　冲压加工

③ 焊接

铝合金由于热导率和热膨胀系数都比较大，通常进行一般的焊接比较困难。另外，由于铝合金焊接容易受到杂质的影响，因此，在钢铁焊接中常用的气焊和电弧焊也不适用于铝合金的焊接。为此，铝合金的焊接使用非熔化极惰性气体保护电弧焊（TIG焊）或熔化极惰性气体保护焊（MIG焊），图6.5所示是使用氩气（Ar）阻隔大气中的氮气和氧气所进行的气体保护焊。

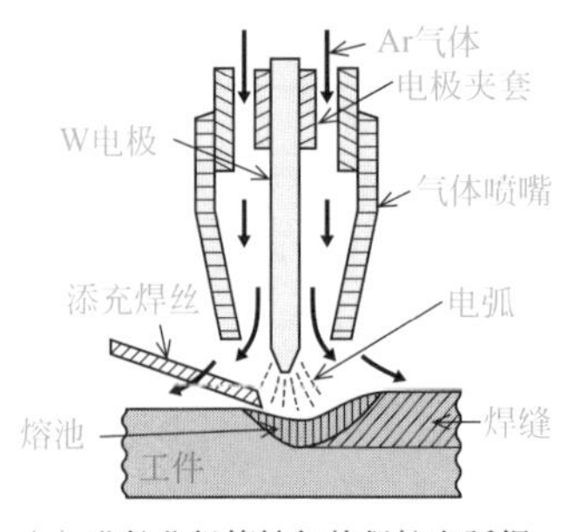

(a) 非熔化极惰性气体保护电弧焊

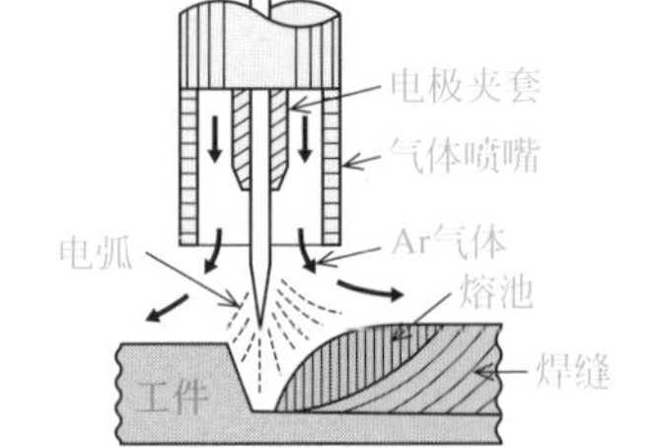

(b) 熔化极惰性气体保护焊

图6.5 非熔化极惰性气体保护电弧焊和熔化极惰性气体保护焊

(3) 轧制用铝合金

① 纯铝（1000 系列）

铝的含量为99%以上的纯铝其强度尽管低，但具有加工性、耐蚀性以及表面处理容易等的优点，因此，被应用在化学工业领域的容器类、厨房用品以及反射板等的制品上。在JIS标准中，有代表性的是A1080和A1070等系列。标记的最后两位数字表示纯度，例如，A1080中最后两位数字“80”是指99.80%的纯度。

② Al-Cu系合金（2000系列）

Al-Cu系合金主要是添加了Cu的铝合金材料，具有强度高、力学性能优异和切削性好等优点。但是，因为含有Cu，导致其耐蚀性差。典型的Al-Cu系合金的型号有硬铝（A2017）和超硬铝（A2024）。超硬铝的硬度甚至高到接近钢，被用于制造飞机的结构部件（图6.6）。

③ Al-Mn系合金（3000 系列）

Al-Mn系合金主要是添加了Mn的铝合金材料，在不降低纯铝的加工性和耐蚀性的前提下，使其合金的强度略微增加。这种铝合金称为铝锰耐蚀合金（Aluman）。典型的Al-Mn系合金的型号有A3003和A3004，被用于饮料罐等容器、建筑材料以及车辆的制作用材（图6.7）。

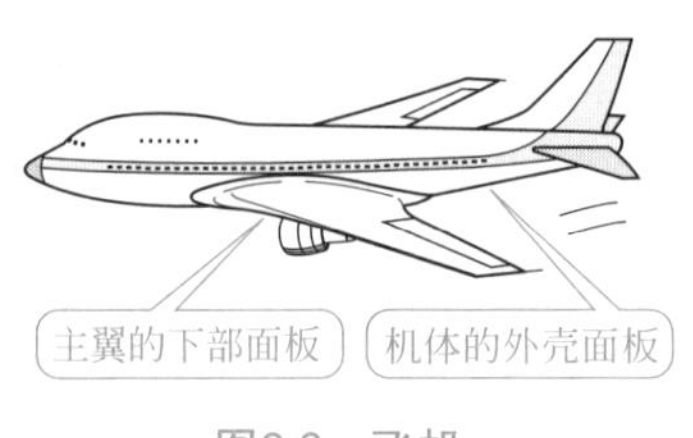

图6.6 飞机

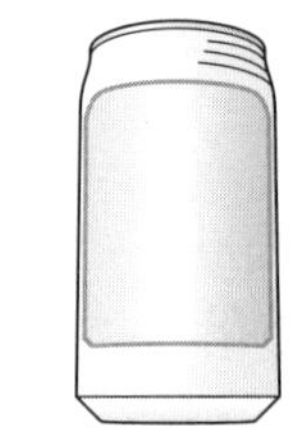
图6.7 饮料罐（铝）

④ Al-Si系合金（4000 系列）

Al-Si系铝合金主要是添加了Si的铝合金材料，具有耐热性和耐磨性优异的特点。典型的Al-Si系合金的型号有A4032和A4043，被用于发动机活塞等的制作（图6.8）。

⑤ Al-Mg系合金（5000系列）

Al-Mg系合金主要是添加了Mg的铝合金材料，在使原有的耐蚀性不降低的同时，提高了强度。这种合金的加工性能优异，作为一般结构用材料被广泛用在车辆、船舶、建筑、通信器材的部件以及机械零部件等的制作（图6.9），典型的Al-Mg系合金的型号有A5005和A5052。

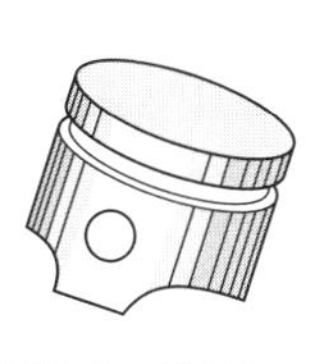

图6.8　活塞

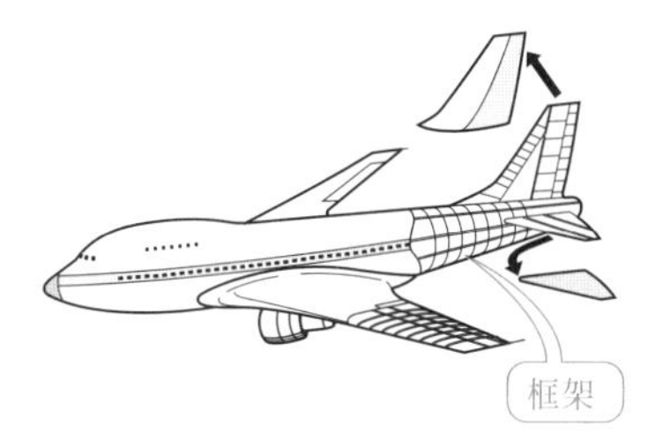

图6.9　飞机的框架

⑥ Al-Mg-Si系合金（6000系列）

Al-Mg-Si系合金主要是添加了Mg和Si的铝合金材料，具有优异的强度和耐蚀性。典型的Al-Mg-Si系合金型号的A6063合金具有良好的挤压性能，因此被用于制作建筑物的窗框等（图6.10）。

⑦ Al-Zn-Mg系合金（7000系列）

Al-Zn-Mg系合金主要是添加了Zn和Mg的铝合金材料，将铝合金中强度最高的Al-Zn-Mg-Cu系的A7075称为超级硬铝。这种铝合金材料是日本开发的合金，现在多被用于飞机的结构、铁道车辆、运动器具等的制作（图6.11）。

图6.10　窗框

图6.11　金属的棒球棒

（4）铸造用铝合金

在铸造用铝合金中，合金分为砂模铸造和金属模具铸造所使用的材料（标记为AC）以及压铸模具用的材料（标记为ADC）。压铸是指在高压下将熔化的金属浇注入模具的铸造方法。相对于铸铁来说，铸铝工艺因为具有铸件轻、熔点低等优点，所以被广泛使用。但是，由于铝合金在凝固时的收缩率较大，因此，需要添加各种元素进行性能改善。

① 浇注用铝合金

● Al-Si系合金（铝硅系合金）

由于纯Al的热膨胀系数大，不适合铸造，因此，Al-Si系合金就是在铝中添加硅元素，降低合金的熔点，增加合金溶液的流动性，提高铸造性。AC3A是铝硅系合金的代表性牌号，由于耐磨性高和适用于薄壁铸件的特点，因而被用于计量仪器的零部件和曲轴箱等的铸造。

● Al-Mg系合金（铝镁系合金）

Al-Mg系合金具有强度高和耐腐蚀的优点，这种材料的铸件塑性是铝合金中最大的，但铸造性差。AC7A是铝镁系合金的代表性牌号。

● Al-Cu系合金（铝铜系合金）

Al-Cu系合金具有强度和切削性好的优点，但铸造性差。AC2B是铝铜系合金的代表性牌号，这种材料的强度大，但塑性差。Al-Cu系合金是整体上使用量最少的合金系。

● Al-Si-Mg系合金（铝硅镁系合金）

Al-Si-Mg系合金是通过减少Si，添加了Mg而形成的材料，并通过时效硬化（淬火后的铸件随时间的变化而硬化的现象）来提高强度。AC4A是铝硅锰系合金的代表性牌号，而具有相同特征的AC4C合金利用合金的特点，被用于汽车轮毂的铸造（图6.12）。

图6.12　汽车的轮毂

② 压铸用铝合金

压铸是一种利用高压将金属熔液压入高精度金属模，并使其快速凝固成型的一种精密铸造方法。这种铸造方法与其他的铸造方法相比，在生产效率和尺寸精度等方面都具有优势。为了进行成功的铸造，要求压铸中所使用的熔化的Al具有高的流动性。具有这种特征的ADC12就是Al-Si-Cu系合金的代表性材料，被用于制作汽车的各种部件。这种材料不仅适合铸造，也是适合切削的稳定的合金。

专栏 稀有金属

稀有金属是指在地球上的存储量少，技术上难以以单体形式提取，而且是采掘和精炼成本都较高的稀少金属。已确定的稀有金属有Ni、Cr、Mn、Co、W、Mo、V、Nb、Ta、Ge、Sr、Sb、Pt、Ti等31种。直到现在，为了提高钢材的强度、耐热性以及耐腐蚀等性能，稀有金属中的大部分通常被作为特殊钢的添加原料使用。近年来，灵活运用各种稀有金属所特有的金属特性的例子增加。

例如，手机的天线使用Ni和Ti，液晶屏使用In，发光二极管（LED）使用Ga，汽车排气催化剂使用Pt、Pd、V、Cr等。稀有金属在半导体产业等高技术产业中也是不可缺少的原材料。

习题

习题6.1 简答Al和Fe的密度和熔点。

习题6.2 简述Al的原料和其制造方法。

习题6.3 对于轧制用铝合金，回答下述问题。
① 简述纯铝（1000系列）的性质。
② 简述硬铝和超硬铝的牌号和性质。
③ 简述铝制易拉罐所使用的Al的合金成分和特征。
④ 简述A5052的特征。
⑤ 简述超级硬铝的合金成分和特征。

习题6.4 对于铸造用铝合金，回答下述问题。
① JIS标准的标号中有AC和ADC，分别进行说明。
② 简述铝硅系合金的合金成分和特征。
③ 简述铝镁系合金的合金成分和特征。
④ 简述铝硅镁系合金的合金成分和特征。
⑤ 简述压铸用铝合金的合金成分和特征。

第7章

铜和铜合金

自古以来，铜（Cu）就是被人们使用的非铁金属材料的代表，并且铜合金有很多种。

纯铜虽然没有钢铁材料那样的强度，但由于铜的电导率非常大，所以被作为主要的导电材料使用。铜合金中的黄铜和青铜在拥有鲜艳色泽和高强度之外，还具有较好的耐蚀性，因此，常作为结构材料或装饰品材料。

在本章中，学习铜的特征和制造方法，铜合金的特征以及作为机械工程材料使用时的选择方法等。

7.1 铜的性质

铜合金的强度与美观度怎么样

❶ 自古就被使用的Cu是加工性和耐蚀性优异的材料。
❷ Cu是最重要的导电材料。

(1) Cu的特性

纯铜的强度和硬度等力学性能与钢铁等材料相比要差，因此，不适合做结构材料使用。但是，合金化的铜却有良好的力学性能。再有，铜还具有良好的加工性和耐蚀性，既是电和热的良好导体（表7.1），也是除了金以外的唯一具有金色光泽的材料。从公元前300年的日本弥生时代开始到现在，Cu就是我们生活中不可缺少的金属材料之一。

另外，在有处理费用的材料中，由于Cu是资源稀缺，而且其回收再利用的成本相对精炼成本来说是比较低的，所以，铜被积极回收进行再利用。

在日本，人们从古代开始就使用Cu制作佛像和工艺品等。而现在，从硬币到IT相关领域等也广泛使用铜，铜是我们的生活中不可缺少的金属材料。

表7.1 Cu和Fe的物理性质

	Cu	Fe
原子序号	29	26
晶体结构	面心立方晶格	体心立方晶格
密度 /$kg \cdot m^{-3}$	8.9×10^3	7.8×10^3
热导率 /$W \cdot m^{-1} \cdot K^{-1}$	401	80.2
电导率 /$(m\Omega)^{-1}$	59.6×10^6	9.93×10^6
比热容 /$J \cdot kg^{-1} \cdot K^{-1}$	380	440
熔点 /℃	1085	1535
抗拉强度 /MPa	200～280	180～300

(2) Cu的制造方法

Cu是通过冶炼铜矿石产出粗铜，再进行粗铜的电解而获得的（图7.1）。这种通过电解而获得的铜是高品位的电解铜，具有99.9%以上的纯度。由于在电解铜中含有0.01%左右的氧等杂质，所以，需要在下一个流程中进行脱氧熔炼产出无氧铜。这样精炼的纯铜通过退火热处理而使晶粒变大，可以利用其电阻非常小的优点，制作成软铜线使用。

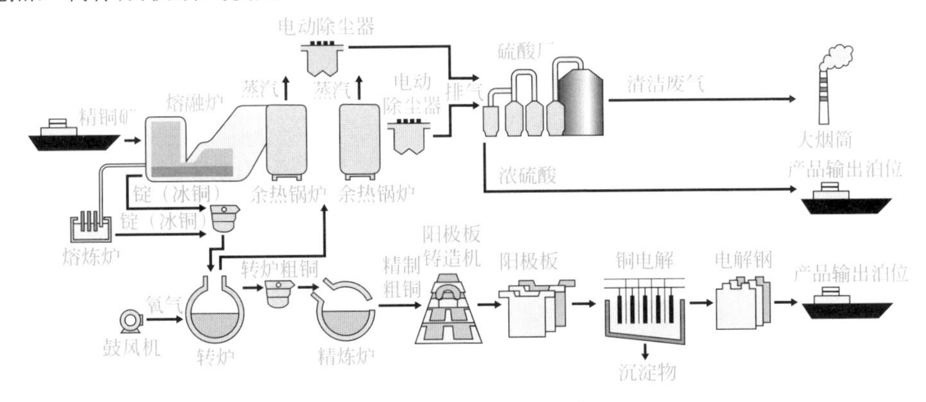

图7.1　Cu的冶炼工艺

(3) 铜合金的加工性能

① 切削加工

在铜合金中，具有良好切削性的是黄铜，切削性较差的是纯铜、磷青铜、白铜、洋白铜等。

② 塑性加工

铜合金的热加工有轧制、挤压以及锻造等，因铜合金的种类不同其加工性能也有所区别。铜合金虽然加工硬化大，但精度好，因此，也常用于进行冷加工。

③ 熔接

在铜合金中，常用的焊接方法有气焊、电弧焊、钎焊以及电阻焊等，而根据合金的种类也有进行非熔化极惰性气体保护电弧焊（黄铜除外）和熔化极惰性气体保护焊。

7.2 纯铜和其合金

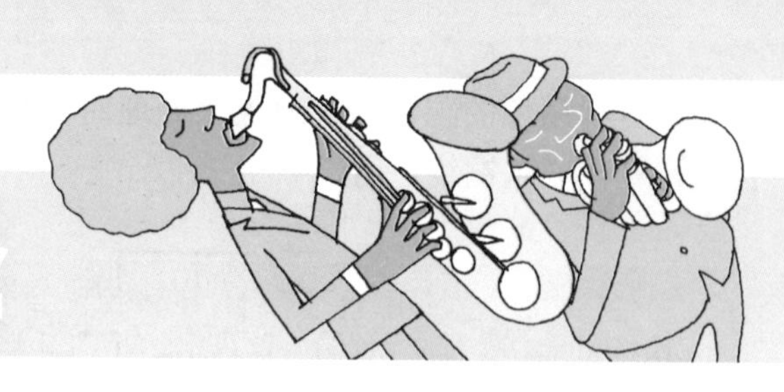

铜合金包括黄铜、青铜等各种类型

❶ 黄铜主要是添加了以Zn为主的元素，具有良好的塑性和耐蚀性，这是色泽呈金黄色的材料。

❷ 青铜主要是添加了以Sn为主的元素，具有良好的铸造性和耐蚀性，这是色泽呈青灰色的材料。

(1) 纯铜

纯铜包括基本上不含合金元素的无氧铜（C1020）和精炼铜（C1100），具有优良的导电性、热传导性、塑性以及拉伸性能，而且焊接性和耐蚀性也好。纯铜通常作为电器零件、建筑、化学工业、小螺钉、钉子等的制作材料使用。

磷脱氧铜（C1201、C1220、C1221）具有优良的塑性、拉伸性能、熔接性、耐蚀性以及热传导性，被作为热水器、建筑、垫圈、小螺钉、钉子、丝网等的制作材料使用。

(2) 铜合金

① Cu-Zn系合金

Cu-Zn系合金主要是在铜中添加了Zn元素的材料，具有良好的塑性、拉伸加工性能以及耐蚀性，具有独特的金属光泽。铜合金材料用开头的字母C和后缀的四位数字表示。

丹铜是Zn的含有量约为4%～12%的呈红色的材料。标记类型有C2100～C2400，用于建筑材料、装饰品、扣件等的制作。

黄铜是Cu和Zn的合金，特别是指Zn含量为20%以上的材料。不少的场合也称为铜锌合金，英语称为brass。在铜管乐器和打击乐器构成的铜管乐队中，有大量使用黄铜制作的乐器（图7.2）

按照黄铜中的Cu和Zn的比例，将Zn的含有量为40%的黄铜称为六四黄铜（C2801），将Zn的含有量为30%的黄铜称为七三黄铜（C2600），而C2680是含量位于两者间的含35%Zn的黄铜。六四黄铜的颜色呈接近黄金色的黄色，但颜色随Zn的比例增加而逐渐变浅，并随含Zn量的变少而带有红色。另外，其硬度通

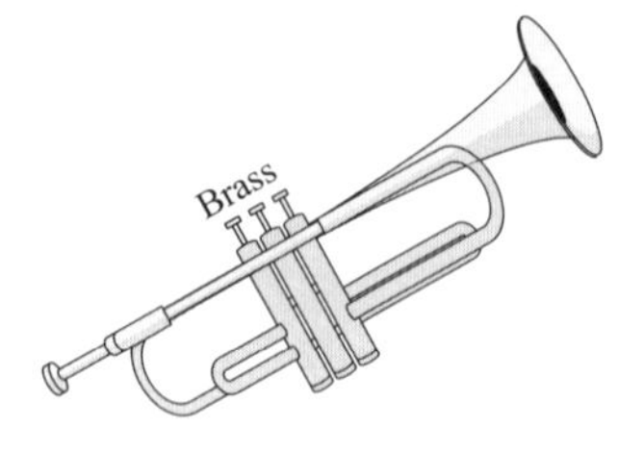

图7.2 铜管乐器

常会随着Zn的比例增加而增加，同样脆弱性也随之增加。

六四黄铜（2801）具有优异的塑性，是黄铜中强度最大的材料，适合热加工。这种材料被用于制作船的螺旋桨、管弦乐器、日本的5元硬币等。

七三黄铜（2600）具有优异的塑性和拉伸加工性，还适合电镀加工。这种材料被用于制作汽车的散热器和灯泡的螺口等（图7.3）。

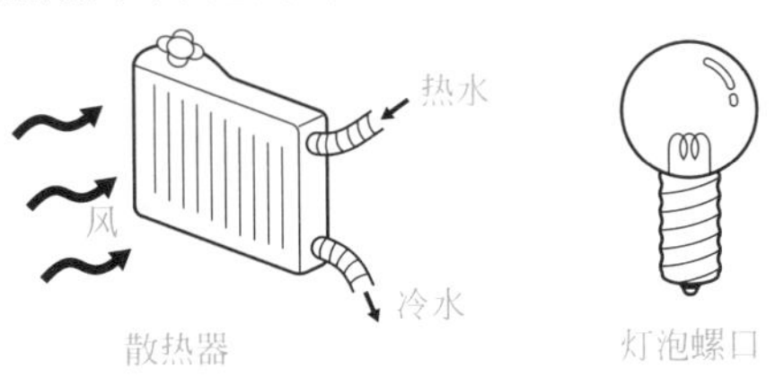

图7.3 散热器和灯泡的螺口

② Cu-Zn-Pb系合金

快削黄铜（C3561、C3701等）是为了提高材料的切削性能，而在黄铜中添加Pb的材料。这种材料用于小型的齿轮、螺钉（图7.4）以及手表和相机等的零件制作。

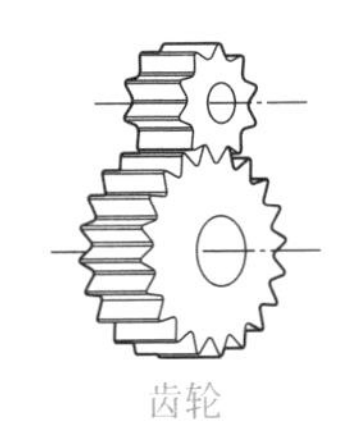

图7.4 齿轮和螺钉

③ Cu-Zn-Sn系合金

海军黄铜（C4621、C4640等）是在黄铜中添加了Sn的材料，由此，不但提高了材料的耐蚀性能，特别是还提高了它的耐海水侵蚀的能力。这种材料被用于热交换器的管板以及船舶用零部件等。

④ Cu-Sn-Mn系合金

高力黄铜（C6782）是在六四黄铜中添加了Mn，由此，不但提高了材料的强度，而且使材料的热锻造性能和耐蚀性能都得以提高，被用于船舶用螺旋桨轴、泵轴等的制作（图7.5）。

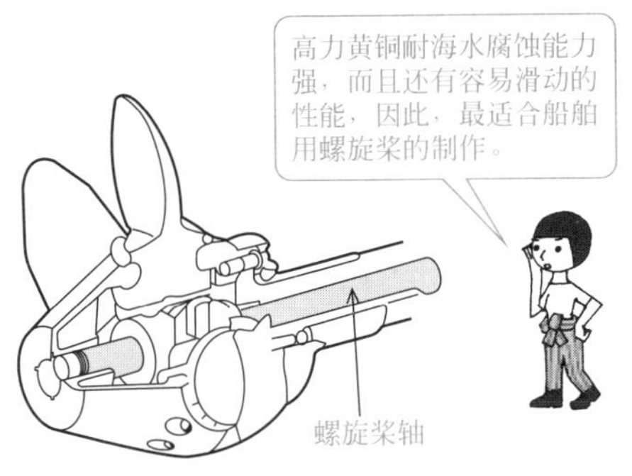

图7.5 船舶用螺旋桨轴

⑤ Cu-Sn系合金

Cu-Sn系合金主要是添加了Sn元素，使其具有良好的铸造性、切削性、塑性

图7.6　青铜雕像

以及耐蚀性。将Cu-Sn系合金中最具代表性的Cu合金称为青桐。在JIS标准的标记中的铸造用合金有BC2和BC3等，英语称为bronze，通常，人们也将这种铜像称为青铜雕像（图7.6）。

原本的青铜是具有光泽的金属，而我们通常所说的青铜色是指饱和度低的绿色。这是因为青铜在空气中被缓慢氧化，在表面一旦生成碳酸盐，颜色就变成铜绿色。发出这种色彩的就是铜绿，它是碳酸铜和氢氧化铜的混合物。

磷青铜（C5191、PBC2C等）是在纯铜中添加Sn，并用P脱氧而精炼成的三元合金。它不但具有优良的铸造性和切削性，还具有优良的弹性，被用于电气测量仪器的开关、连接器、继电器、凸轮、齿轮、轴、轴承以及联轴器等的制作。

炮铜（铜锡合金）是指Sn的含有量约为10%的合金材料，这种材料具有韧性、耐磨性和耐蚀性优异的特性。这种材料之所以被这样命名，是因为过去用于大炮的铸造。现在，这种材料多用于油炸锅、铭牌以及建筑五金件等的制作。

⑥ Cu-Ni系合金

白铜（C7060、C7150）是含有10%～30%Ni的合金材料。这种材料因具有耐蚀性，尤其是耐海水腐蚀的性能优异，所以，通常被用于制作船舶相关的零部件。另外，Ni含量多的合金会发出类似银的白色光泽，多用于制作硬币。日本的100元硬币、50元硬币都是用白铜制造（表7.2）。

表7.2　日本的硬币材质

新500日元	Cu 70%、Ni 10%、Zn 20%
旧500日元	Cu 75%、Ni 25%
100日元	Cu 75%、Ni 25%
50日元	Cu 75%、Ni 25%
10日元	Cu 95%、Zn 3%、Pb 2%
5日元	Cu 60%～70%、Zn 40%～30%
1日元	Al 100%

⑦ Cu- Ni-Zn系合金

洋白铜（C7351、C7451等）是在白铜中添加5%～30%的Ni、10%～30%的Zn材料，使其具有良好的塑性和耐蚀性，由于其色泽美观，所以用于西式餐具、装饰品以及医疗器具等的制作。这种材料在抗拉强度等力学性能方面更是优于黄铜。

另外，日本的500元硬币以前是用白铜制造，但是经常被伪造，为此在2000年8月变成用洋白铜制造（表7.2）。这种材料之所以略微发黄，是因为材料中混有Zn。

⑧ Cu- Be系合金

铍铜（C1700、C1720）是添加1.6%～2.0%的Be、0.2%～0.3%的Co的合金材料，这种合金具有耐蚀性好的特征，特别是在时效硬化处理前具有良好的塑性，而处理后的耐疲劳性和导电性增加。

另外，时效硬化处理在成型加工后进行。

铍铜由于在导电性能的基础上，其弹性也优异，因此，被用于各种高性能弹簧和精密机械零件的制作。

习题

习题7.1 简述Cu和Fe的密度和熔点。

习题7.2 简述Cu和Fe的力学性能的差异。

习题7.3 简述黄铜的合金元素和特征。

习题7.4 简述六四黄铜和七三黄铜分别是什么。

习题7.5 简述海军黄铜是什么。

习题7.6 简述青铜的合金元素和特征。

习题7.7 简述炮铜是什么。

习题7.8 简述白铜是什么。

习题7.9 简述洋白铜是什么。

习题7.10 分别回答日本的5元硬币、100元硬币以及500元硬币的材质。

习题7.11 简述铍铜是什么。

习题7.12 在英语中的brass和bronze表示的是什么铜合金。

第8章

其他的金属材料

在本章中，将介绍Zn、Sn、Pb等低熔点的金属，以及Mg、Ti等轻金属。这些金属本身就具有优异的性能，若添加在钢铁材料中或电镀到钢铁材料表面就能够弥补钢铁材料的缺点，展现出卓越的性能。

我们通过这些金属材料与钢铁材料的学习比较，掌握这些金属的特征。

8.1 锌、锡以及铅和其合金

白铁皮（镀锌钢板）和马口铁（镀锡钢板）的差异是镀层的材料不同

❶ Zn、Sn、Pb都是熔点低的金属。
❷ Zn和Sn多用于Fe的防腐蚀。

（1）锌（Zn）

锌（Zn）是熔点低、铸造性能优异、具有青白色金属光泽的脆性金属。相对来说，这种金属的价格比较便宜，尤其压铸用的锌合金（变形锌合金）和金属模用的锌合金（铸造锌合金）的需求量大。由于Zn比Fe具有更高的电离趋势，因此，如果Zn与Fe接触，则Zn首先就会被电离。为此，只要有Zn存在，Fe就不会腐蚀。将这种现象称为自我牺牲腐蚀保护（图8.1）。而在Fe上电镀Zn的板材称为镀锌钢板。但是，由于这种板材是依靠Zn的溶解来进行防腐蚀，因此，主要适用于室外产品的制作，而不适用于食品容器的制作。

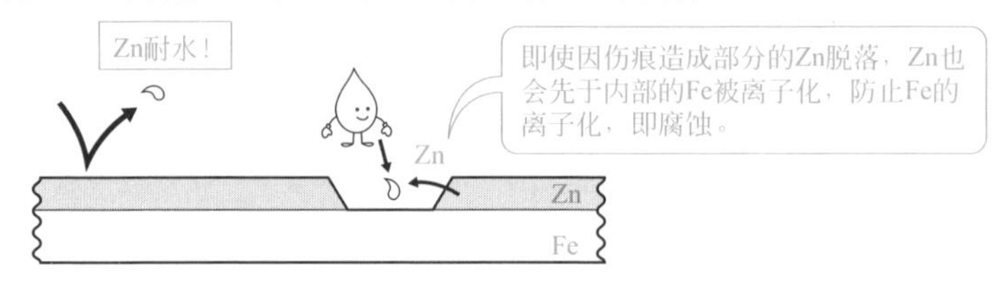

图8.1　自我牺牲的防腐蚀保护（牺牲阳极的阴极保护）

（2）锡（Sn）

锡（Sn）是具有良好的塑性和耐蚀性，其色泽呈银白色金属光泽的金属。将在Fe上电镀Sn的板材称为马口铁，因其具有良好的耐蚀性能，而被用于食品容器的制作。它是利用锡本身的性能，在其表面形成钝化膜来达到防止腐蚀的作用，称为屏蔽性防腐蚀。需要注意的是，这种保护层只是防止Fe接触到水或者氧气，如果Fe因伤痕等外露，腐蚀就会进行。

Sn在常温以下就会发生再结晶，因此，基本上不会出现加工硬化。于是，Sn和Zn、Pb以及Sb一起作为滑动轴承材料使用。

将Sn的合金称为白色轴承材料，用于船舶用轴承的轴瓦（图8.2）、合金工艺品（壳体）等中。

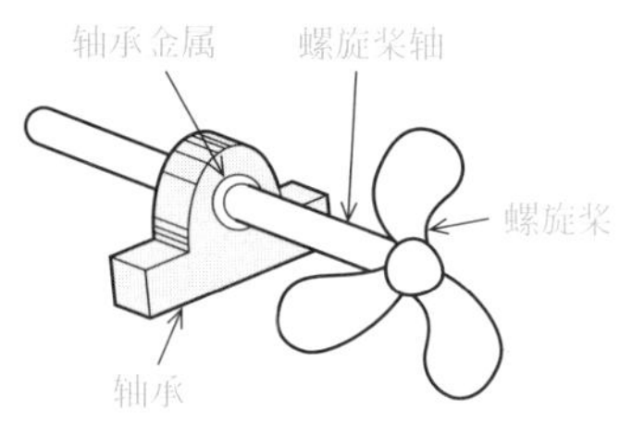

图8.2 船舶用轴承

(3) 铅(Pb)

铅(Pb)是熔点低，容易进行铸造的金属(表8.1)。另外，铅还具有阻碍放射线透射、耐蚀性好尤其是不被浓硫酸腐蚀等特点。但是，因为铅而引发的铅中毒对人体具有危害性，所以，近年来有控制铅使用的趋势。

表8.1 Zn和Sn以及Pb的物理性质

	Zn	Sn	Pb
原子序号	30	50	82
晶体结构	密排六方结构	正六方晶格	面心立方晶格
密度 /$kg \cdot m^{-3}$	7.1×10^3	7.3×10^3	11.3×10^3
热导率 /$W \cdot m^{-1} \cdot K^{-1}$	116	66.6	35.3
电导率 /$(m\Omega)^{-1}$	16.6×10^6	91.7×10^6	4.81×10^6
比热容 /$J \cdot kg^{-1} \cdot K^{-1}$	390	228	129
熔点 /℃	419	232	329
抗拉强度 /MPa	200～280	30～40	10～30

在Pb中添加Sb，就能够提高其硬度。将添加3.5%～8.5%左右Sb的Pb称为硬铅，被应用于电气相关、结构相关以及辐射屏蔽等。另外，将添加20%左右Sb和10%左右Sn的铅合金称为活字合金，就是以前用于铸造印刷活字的材料。

将Pb-Sn系合金称为软钎料(或焊锡)，被作为焊锡的金属焊料来使用。但是，近年来出于对环境和人体健康方面的影响考虑，作为有铅合金替代物的无铅焊锡Sn-Ag-Cu被大量使用。

将Pb-Sn-Bi-Cd共晶合金称为低熔点合金，被应用于电熔丝、温度检测式灭火阀等。

8.2

钛和钛合金

惊人的坚硬还轻的钛合金

❶ Ti是比Fe轻还坚硬的金属，也是耐蚀性能优异的材料。

❷ 钛合金中可以添加Al、V、Sn以及Mo等。

(1) 钛（Ti）

钛（Ti）的密度是Fe的60%左右，是一种强度高而又富有弹性的材料。另外，钛还具有优异的耐蚀性，即使是海水也完全不能腐蚀，钛在低温时的韧性也高。

但是，钛的热导率小（表8.2），导致它的热量耗散困难，因此，在钛的切削加工过程中，切削刀刃容易产生缺口或者工具容易磨损，所以也可以说钛是不宜于铸造和熔接的材料。

表8.2 Ti和Fe的物理性质

	Ti	Fe
原子序号	22	26
晶体结构	密排六方结构	体心立方晶格
密度 /$kg \cdot m^{-3}$	4.5×10^3	7.9×10^3
热导率 /$W \cdot m^{-1} \cdot K^{-1}$	21.9	80.2
电导率 /$(m\Omega)^{-1}$	2.34×10^6	9.93×10^6
比热容 /$J \cdot kg^{-1} \cdot K^{-1}$	520	440
熔点 /℃	1668	1535
抗拉强度 /MPa	300	180～300

Ti的精炼是通过加热矿石和C以及除去矿石中的铁成分，并且在加热的同时，加入Cl进行蒸馏精炼而形成$TiCl_4$，然后，在Ar环境中$TiCl_4$在大约900℃时与Mg反应得到金属钛。由于Ti在高温环境中会产生碳化物和氮化物，所以，它的排气处理也需要采用技术手段，这就增加了精炼的成本。在日本的JIS标准中，规定了4种类型的纯钛。

(2) 钛合金

钛合金是指在Ti中添加Al、V、Sn、Mo等元素，使其耐蚀性和机械强度都得以提高的材料。尤其是相对于纯钛来说，添加了Al后，其强度有着明显的提升。在钛合金中，强度特别高的是在Ti中添加6%Al和4%V的称为TAF6400的材料，同时也被标记为Ti-6Al-4V。另外，通常称其为64钛合金。这种材料的抗拉强度能高达895MPa，这一数值即使是相对抗拉强度最高的纯钛TF550（第4类纯钛）的550～750MPa来说，也是高出很多。

飞机，尤其是战斗机的发展需要推动了钛合金的开发利用。这是灵活地运用钛合金具有的轻便、坚固以及防锈的特性。例如，钛合金作为用于喷气发动机涡轮制造的材料，为发动机的轻量化做出贡献（图8.3）。

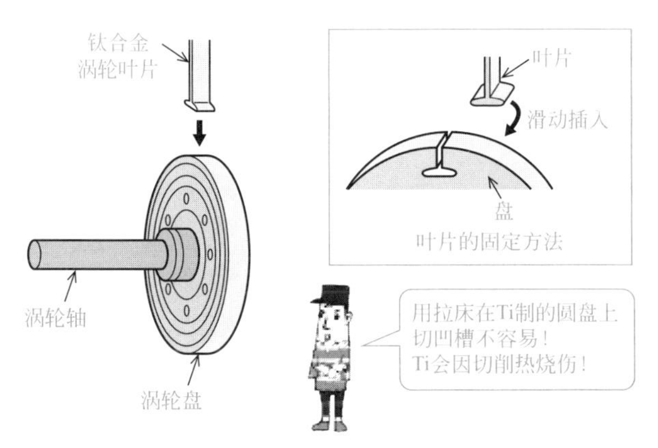

图8.3　喷气发动机内的涡轮盘

进而，由于Ti具有较高的耐海水腐蚀性能，所以，也在船舶和海洋领域有着广泛的应用。日本的深海潜水调查船“深海6500”的耐压壳就是使用了Ti-6Al-4V-ELI这种钛合金材料。在这里，ELI意味着将不要的元素含量抑制在极低的水平（extra low interstitials）。

另外，由于Ti具有良好的生物相容性，所以，纯钛或者钛合金也被用于制作人造关节以及人造牙齿等的材料。尽管钛是一种自然界储量较多的资源，但是因为钛的制造非常困难，所以，被列入稀有金属之一。

8.3 镁和镁合金

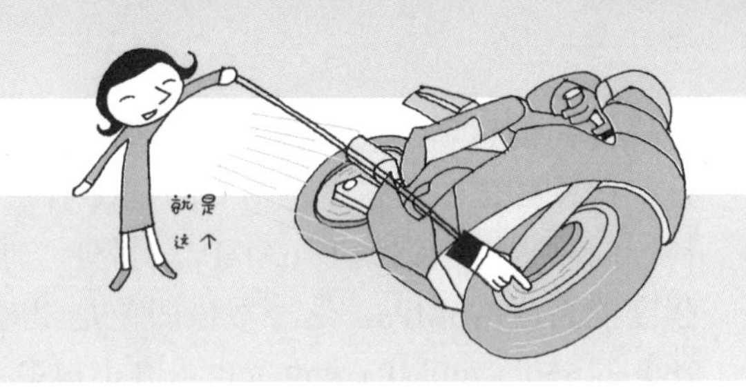

镁是特别轻的金属

❶ Mg是最轻的实用金属，而且比强度较高。

❷ Mg是热导率高、电磁波屏蔽性好、耐振动冲击性能优异的材料。

(1) 镁(Mg)

镁（Mg）的密度约为Fe密度的四分之一，约为Al密度的三分之二。镁是作为结构材料所使用的实用金属中最轻的材料。另外，由于镁的材料强度和密度之比这一比强度高于钢铁和铝合金，因此，在保证不降低强度的情况下，使产品的轻量化成为可能。

另外，虽然镁无法与铝合金相比，但Mg的热导率高并且具有良好的散热性能（表8.3）。灵活运用这一特性可用来制作需要散热的个人计算机或液晶放映机的零件等。

表8.3 Mg和Fe的物理性质

	Mg	Fe
原子序号	12	26
晶体结构	密排六方结构	体心立方晶格
密度 /$kg \cdot m^{-3}$	1.7×10^3	7.9×10^3
热导率 /$W \cdot m^{-1} \cdot K^{-1}$	156	80.2
电导率 /$(m\Omega)^{-1}$	2.26×10^6	9.93×10^6
比热容 /$J \cdot kg^{-1} \cdot K^{-1}$	1020	440
熔点 /℃	650	1535
抗拉强度 /MPa	190	180～300

由于Mg具有电磁屏蔽性能高的特点，因此，多被用于制作手机的机壳（框架）以及屏蔽材料（图8.4）。另外，由于这种材料吸收振动冲击能量的性能优异，所以，也被用于平板电脑以及汽车的操纵零件等的制作（图8.5）。

Mg是自然资源丰富、再生利用性能优异的材料，因此，也将是备受瞩目的下一代材料。

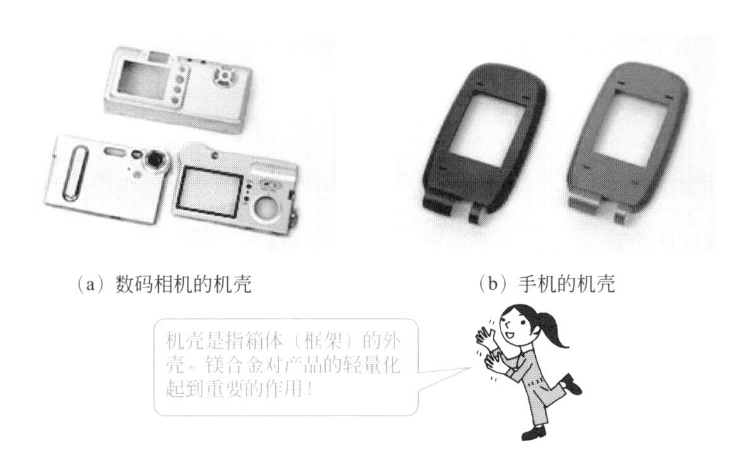

（a）数码相机的机壳　　（b）手机的机壳

图8.4　镁合金的用途

图8.5　赛车用摩托车的轮毂

（2）镁合金

通常，使用Al和Zn作为镁合金的添加元素，在JIS标准中的材料标记有AZ91、AM60等。

在镁合金构件的成型中，大部分构件采用铸造成型方法，小部分构件则采用压铸成型方法。但是，溶解后的镁合金具有化学活性，一旦接触空气就立即会有燃烧的危险。近年，触变注射成型铸造方法受到瞩目，它是利用半固态触变压铸技术将半熔融状态的镁合金注射到抽成真空的预热型铸模中所成型的方法。触变注射成型的工艺过程类似于塑料的注塑成型，因此，通过这种方法就能够实现薄壁零件的成型加工。

习题

习题8.1 简述Zn和Sn的密度和熔点。

习题8.2 简述锌的合金成分和特征。

习题8.3 简述马口铁的合金成分和特征。

习题8.4 为什么Pb的使用有减少的趋势，简述其理由。

习题8.5 简述Ti的密度和熔点。

习题8.6 简单归纳总结Ti的力学性能。

习题8.7 列举2个钛合金的主要元素。

习题8.8 列举钛合金的主要用途。

习题8.9 简述Mg的密度和熔点。

习题8.10 简单归纳总结Mg的力学性能。

习题8.11 列举2个镁合金的主要元素。

习题8.12 列举镁合金的主要用途。

第9章

塑料

我们的生活中充满着塑料制品。

有些塑料如同玻璃一样透明，有些塑料制品色彩鲜艳而美观。另外，塑料柔软而有弹性，有些塑料又有硬度。

这些大多都是廉价而通用的塑料，但也是强度很高的工程塑料。

在本章中，首先说明塑料的基本知识，然后，学习各种类型的塑料。

9.1 塑料概述

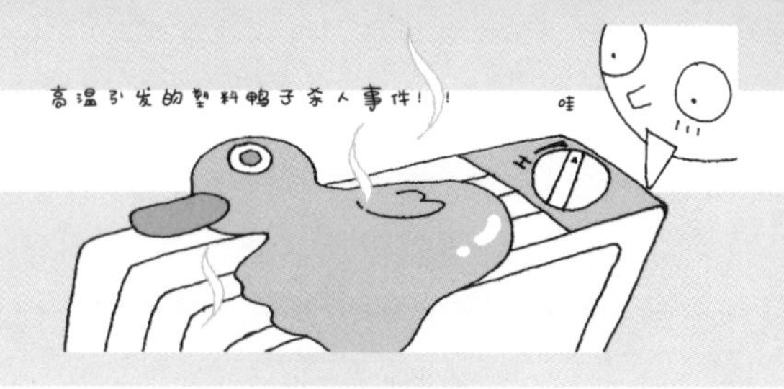

塑料受热时会熔化或者凝固

❶ 塑料是高分子材料的总称，它轻巧并具有一定强度。
❷ 塑料具有热塑性或热固性。

（1）塑料的基本性质

塑料是人工合成的高分子材料的一种，因其类型的不同而具有各种不同的特性。例如，塑料与金属相比，无论硬质还是软质的塑料都具有比较轻、能够简单地成型、不易传热和导电、耐蚀性和耐药品性优异、容易上色等特点。另一方面，塑料与金属相比的缺点是耐热性低、表面硬度小等。

塑料多是通过加热原材料使其呈现流动态之后，进行加压成型。塑料制品一旦成型后，按照再加热时的性质不同，大致分为以下两种。

① 热塑性塑料

将受热而软化的塑料称为热塑性塑料［图9.1（a）］。这种塑料在成型后，如果再加热就可以再次软化，因此能够再利用。

② 热固性塑料

将受热而硬化的塑料称为热固性塑料［图9.1（b）］。这种塑料在成型后，即使是再次加热也不会软化，因此不能够再利用。

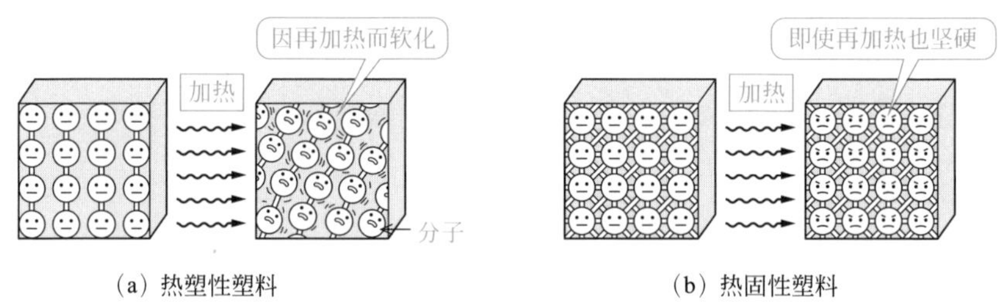

（a）热塑性塑料　　（b）热固性塑料

图9.1　塑料的性质

（2）塑料的类型

在将塑料作为机械工程材料使用的场合，为了使各种类型的材料都能够发挥其各自的作用，我们需要掌握塑料所具有的抗拉强度、硬度、耐冲击性、耐磨损性、耐蚀性、耐药品性、绝缘特性以及热传导性等。选择材料时，需要考虑如何灵活地运用塑料的性能而使其得到真正的发挥。

通用塑料是指轻巧、多功能、用途广泛的塑料。另外，具备抗拉强度和硬度等机械工程材料性能的塑料称为工程塑料（图9.2）。

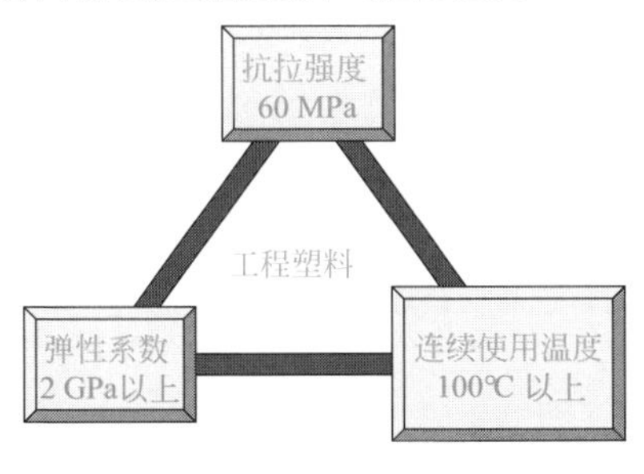

图9.2 工程塑料

(3) 塑料的成型

热塑性塑料的主要成型方法是注塑成型。这种成型方法是将粉末或颗粒状的塑料材料放入料斗，用加热器加热材料后，将熔融的塑料通过喷嘴注射到金属模具中，进行冷却固化成型（图9.3）。

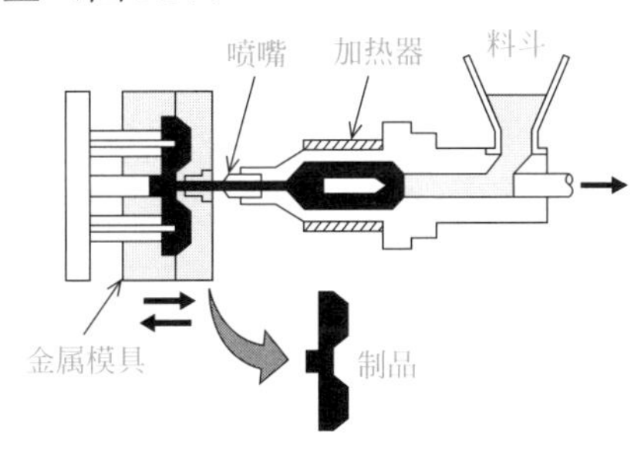

图9.3 塑料的注塑成型

这种方法能够制造出许多的塑料制品。例如，常见的有塑料模型和在100日元商店中出售的家庭日用品等。

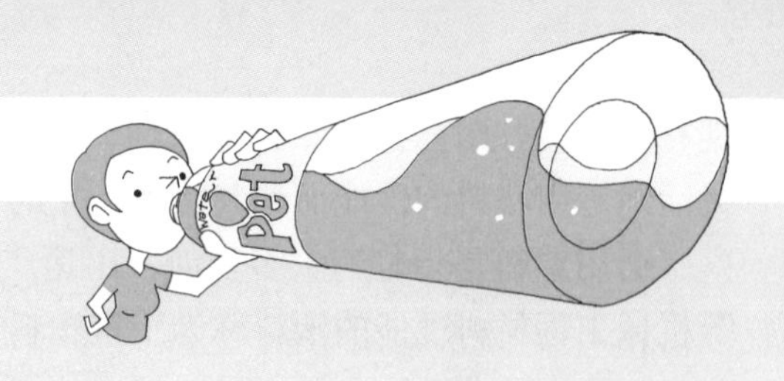

9.2 通用塑料

轻巧、容易成型的通用塑料

❶ 通用塑料是指轻巧、容易成型的材料。

❷ 丙烯酸树脂是硬度高、透明度最好的塑料。

(1) 聚乙烯（PE）

聚乙烯（PE）塑料是原材料价廉、容易成型、用途广泛的材料。这种塑料的密度是0.92～0.95g/cm^3，具有防水、绝缘以及耐油等特性，通常用于瓶类、食品容器、包装用膜以及塑料桶等的制作，也是产量最大的树脂（图9.4）。

(2) 聚丙烯（PP）

聚丙烯（PP）塑料与聚乙烯相近，但硬度和抗拉强度比聚乙烯更好。这种塑料的密度是0.90～0.92g/cm^3，耐热温度为110℃，具有绝缘和耐药品性能，抗反复弯曲的能力强。聚丙烯塑料被广泛用于日用品、家用电器和汽车等的制造（图9.5）。

图9.4 聚乙烯塑料制品

图9.5 聚丙烯塑料制品

(3) 聚苯乙烯（PS）

聚苯乙烯（PS）塑料的密度是1.04～1.09g/cm^3，这种塑料具有高透明度，在饭盒和杯子等日用品容器的制作中获得广泛应用。在聚苯乙烯中添加发泡剂而成型的发泡苯乙烯作为面条包装类以及其他食品的隔热容器使用（图9.6）。

(4) 聚氯乙烯（PVC）

聚氯乙烯（PVC）塑料的密度是1.16～1.45g/cm^3。这种塑料具有良好的耐水

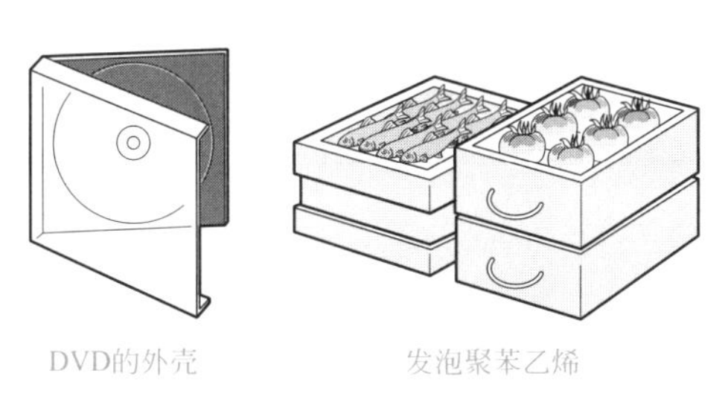

图9.6　聚苯乙烯塑料制品

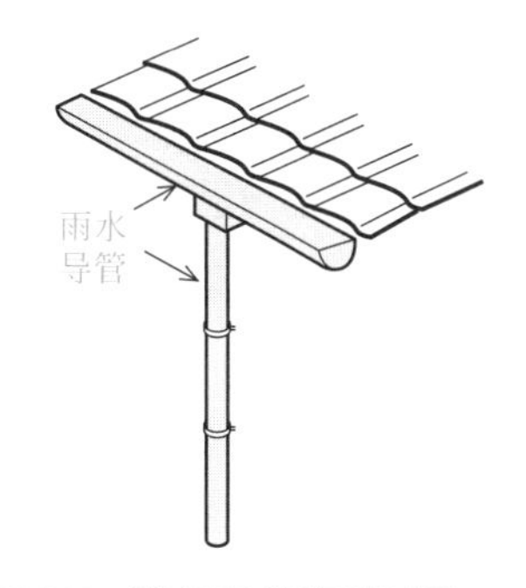

图9.7　聚氯乙烯塑料制品

性、耐酸性以及耐碱性。另外，通过混合增塑剂能够实现从硬到软的控制。聚氯乙烯主要用于管、软管以及容器的制作（图9.7）。

这种塑料含有大量的氯，如果焚烧处理不当，就会有产生具有致癌性的二噁英的风险。因此，正在推进聚氯乙烯的替代品。

(5) 聚甲基丙烯酸甲酯（PMMA）

聚甲基丙烯酸甲酯（PMMA）是透明度比较高的塑料，并且硬度也高。进而，这种塑料热加工容易、加热能软化、能进行弯曲加工、加工后的透明度也几乎不变。但是，该塑料有硬而脆的缺点。

这种塑料用于镜头等的光学产品、照明器具以及外壳、计量器具的外壳、需要透明度的零件以及光纤的制作。另外，聚甲基丙烯酸甲酯有较好的强度，可用来制作玻璃无法适用的水族馆的大型水槽墙板（图9.8）。

(6) 聚对苯二甲酸乙二酯（PET）

聚对苯二甲酸乙二酯（PET）塑料是轻巧、透明、不易破裂的材料，广泛应用于清凉饮料和调味料等一次性使用的容器制作（图9.9）。塑料瓶再利用可以减少污染，降低成本，节约能源。

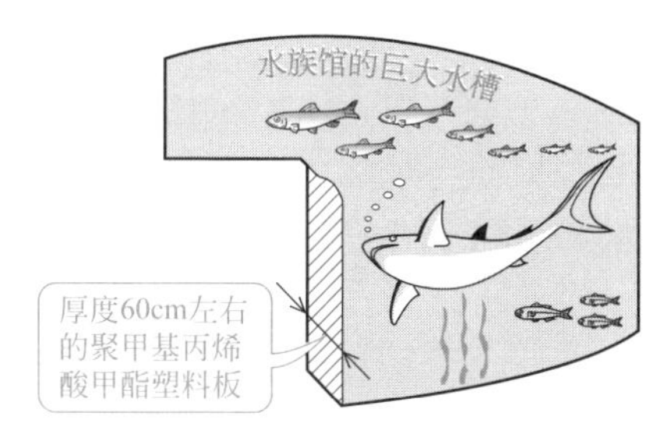

图9.8　聚甲基丙烯酸甲酯塑料制品

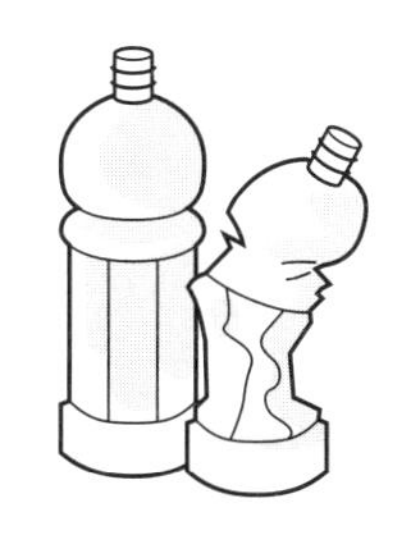
图9.9　塑料瓶

9.3 工程塑料

工程塑料强而硬，且耐热性好

❶ 塑料中，具有特殊优异力学性能的塑料称为工程塑料。
❷ 工程塑料中，具有特殊优异力学性能的工程塑料称为超级工程塑料。

塑料中，具有优异的抗拉强度以及耐冲击性等力学性能和绝缘性能，可作为机械工程材料所使用的塑料称为工程塑料。本节介绍几种具有代表性的材料。另外，因为标准的标号和厂家的型号混杂在一起，所以在选定材料时需要注意。

(1) 聚甲醛（POM）

聚甲醛（POM）塑料因其制造方法的不同，可分为单一结构单元组成的均聚甲醛（acetal homopolymer）和共聚单体组成的共聚甲醛两种（acetal copolymer）。这种塑料材料的力学性能比较接近金属材料，具有耐疲劳性、耐磨性、尺寸稳定性以及耐水性好的特点，色泽呈不透明的乳白色。在高温连续使用时，均聚甲醛的耐热温度为85℃、共聚甲醛的耐热温度为105℃。聚甲醛因其强度和自身润滑性能的关系，通常最合适用于耐疲劳性和耐磨耗性要求比较高的电气产品的可动部件以及齿轮、轴承、螺栓、汽车零件等的制作材料（图9.10）。另外，由于其尺寸稳定性好，也被用于精密机器的结构零件的制造。

纤维状的聚甲醛材料也被作为网球拍的网线以及渔网的网线使用（图9.10）。

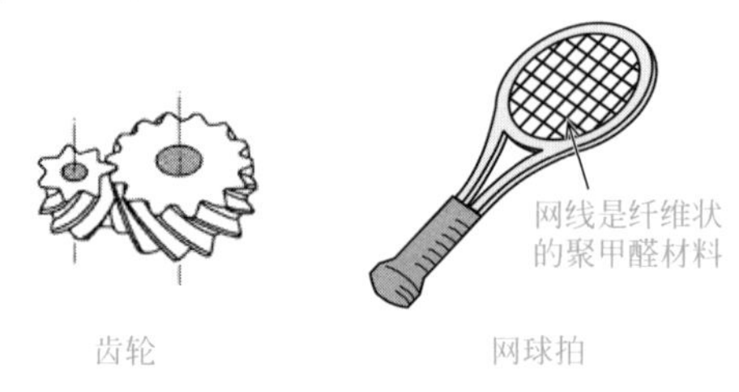

图9.10　聚甲醛塑料制品

(2) 聚碳酸酯（PC）

聚碳酸酯（PC）塑料是透明度高，具有优异的抗拉强度、抗压强度以及耐冲击的材料。

这种材料的耐热性和耐寒性都好，力学性能在－100℃～120℃这一较大的温度范围内很少有降低，而且绝缘性也好。但是，聚碳酸酯塑料具有抵抗反复变形的能力差、溶于含氯溶剂的缺点。此类塑料用于精密仪器、计算机的外壳、汽车的车灯、医疗器具以及头盔等的制作（图9.11）。

图9.11　汽车的车灯

（3）聚酰胺（PA）

众所周知，聚酰胺（PA）塑料也称为尼龙6或者尼龙66。名字中的数字表示单元结构所含碳原子数目。尼龙6是世界上最早诞生的合成纤维，由于抗拉强度和抗弯强度好，而且耐磨性能优异，因此可用来制作汽车零件、电器电子零件的、机械零件和医疗设备零件（图9.12）等。这种材料半透明、轻巧、不吸水，强度好。因为其摩擦因数小，所以滑动性好，具有自润滑性能。

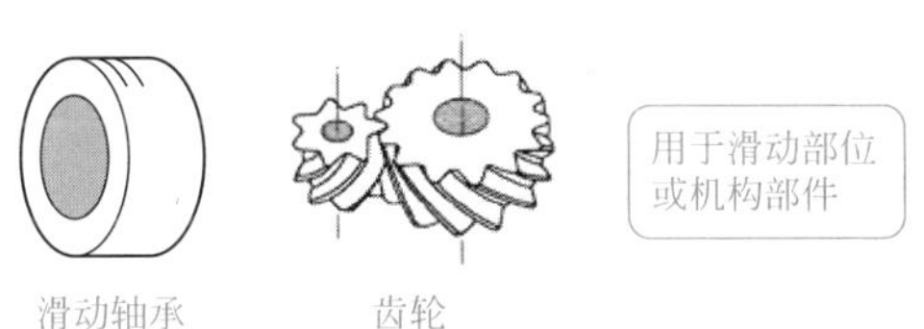

图9.12　聚酰胺塑料制品

尼龙66也具有耐热性，通过玻璃纤维强化有的产品能承受240℃的温度。但是，这种材料吸水性高，吸水后就变软，绝缘性也降低。

（4）超级工程塑料

工程塑料中，具有高硬度、高韧性、可以耐150℃以上高温以及耐药品性的特殊材料称为“超级工程塑料”。

代表性的超级工程塑料有聚醚醚酮（PEEK）、聚砜（PSU）、聚醚砜（PES）、聚苯硫醚（PPS）以及液晶聚合物（LCP）等。

9.4 复合材料

要点 考虑各向异性的复合材料

❶ 复合材料是指通过两种以上的不同材料的组合，得到单一材料所不具备的功能和性质的材料。

❷ 塑料系的纤维增强复合材料有玻璃纤维增强复合塑料和碳纤维增强复合塑料。

（1）复合材料的基本性质

复合材料是指通过金属、塑料或陶瓷等两种以上不同材料的组合，而获得单一材料所不具备的功能和性质的材料。这种材料的制作流程是先将原材料的素材分别制作成纤维状或微粒状，然后通过层叠或者混合方式成型为板材或棒材（图9.13）。

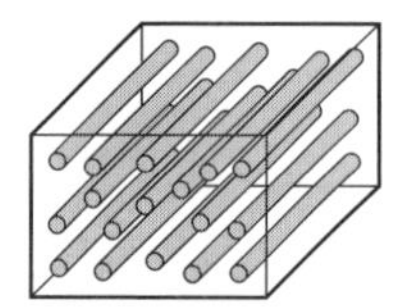
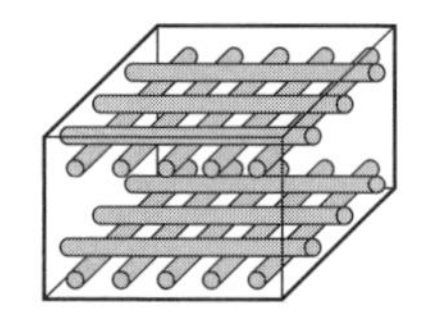
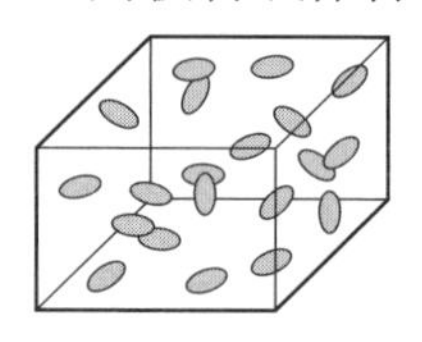

图9.13　复合材料的组织构造

本节我们将介绍的复合材料主要是使用纤维来进行增强的材料。

在使纤维分散在某种基体中黏结而成的复合材料中，将增强用的纤维称为增强剂，基体材料称为母体材料（或者基础材料），用纤维增强塑料的复合材料就称为纤维增强复合塑料（fiber reinforced plastics，FRP）。目前，增强所使用的纤维有多种类型，将使用玻璃纤维（glass fiber）增强的材料称为玻璃纤维增强复合塑料（GFRP），将使用碳纤维（carbon fiber）增强的材料称为碳纤维增强复合塑料（CFRP）。

（2）纤维增强复合塑料的类型

① 玻璃纤维增强复合塑料（GFRP）

1940年，美国研究开发了在常温和常压状态下，用玻璃纤维增强热硬化树脂的玻璃纤维增强塑料（FRP）。单独的热固性树脂具有脆性，而在热固性树脂中，进行了玻璃纤维的复合化（将两者混合形成复合材料）后，材料的抗拉强度和抗弯强度以及冲击强度等都能够得到强化［图9.14（a）］。另外，这种FRP材料与金属材料相比是比较轻的，在强度除以单位体积质量（密度）的比值这一比强度方面也很优异。这样一来，轻量而强度高就是FRP材料的最大特点。而且，FRP在耐热性、耐水性、隔热性以及耐药品性等方面也具有优异的性能。另一方面，这种材料的缺点是层状纤维的层间会形成强度不连续部位，使层间的附着力成为问题。材料的层间形成缝隙的现象称为分层。此外，由于使用了热固性树脂，所以，废弃物处理困难也是其缺点（图9.14（b））。

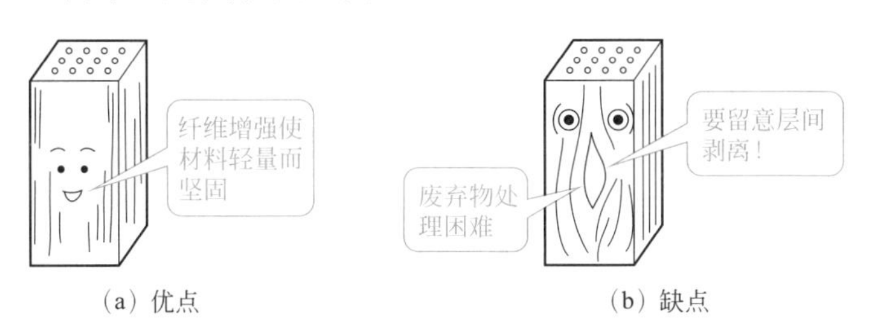

（a）优点　　（b）缺点

图9.14　FRP的特征

玻璃纤维增强复合塑料可制作浴缸、船体、水槽、头盔、汽车的防撞梁、药品罐或容器、各类化学成套设备和机器、撑杆跳的撑杆等（图9.15）。

图9.15　GFRP的用途

② 碳纤维增强复合塑料（CFRP）

碳纤维增强复合塑料（CFRP）的密度虽然只有钢的约1/4，但其强度却约为钢的10倍。并且，CFRP在耐热性、低温膨胀率、化学稳定性等性能方面也都优异。

所谓的碳纤维就是指将碳进行纤维化制造成的高强度和高弹性的纤维（图9.16）。现在，工业化生产的碳纤维按照原材料的种类进行区分，可以分为使丙烯腈在高温下聚合制造PAN（聚丙烯腈）系碳纤维、以煤或石油为原材料制造沥青系碳纤维或人造丝系碳纤维等。从1970年代初开始，日本就开始了碳纤维的生产。初始产品是聚丙烯腈系碳纤维和各方向物理性质无差异的各向同性的沥青系碳纤维，而后，从1980年代后期增加了各向异性的沥青系碳纤维。现在，日本的碳纤维产品无论是在产量还是质量方面都取得了世界第一的成绩。

碳纤维单独使用的情况很少，通常都是用于增强以树脂、陶瓷以及金属等为基体的复合材料。在这里，所使用的树脂有苯酚树脂和环氧树脂等。

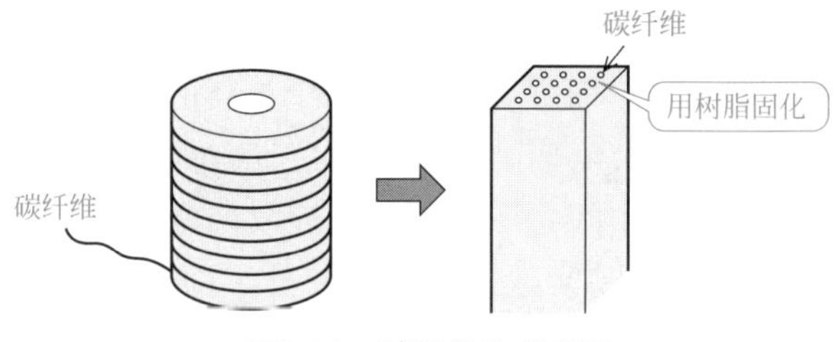

图9.16　碳纤维和其增强

碳纤维增强塑料的应用范围非常广泛，从飞机和船舶的结构材料、混凝土结构的加固材料，到网球拍和钓鱼杆等生活用品到处都有应用（图9.17）。

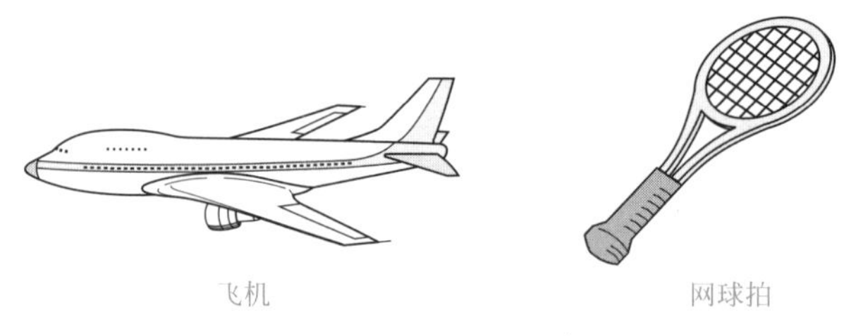

图9.17　CFRP用途

（3）各向同性和各向异性

金属材料是任意方向都具有相同性质的各向同性材料。与之相反，复合材料中使用的纤维则具有方向不同而性质不同的各向异性（图9.18）。这就是说，会发生从某一个方向拉伸的强度大，而从另一方向拉伸的强度小的现象。

为了消除材料的这种各向异性的特征，在复合材料的制造上，采用树脂固化纤维时要顾虑到各层纤维的方向（图9.19）。

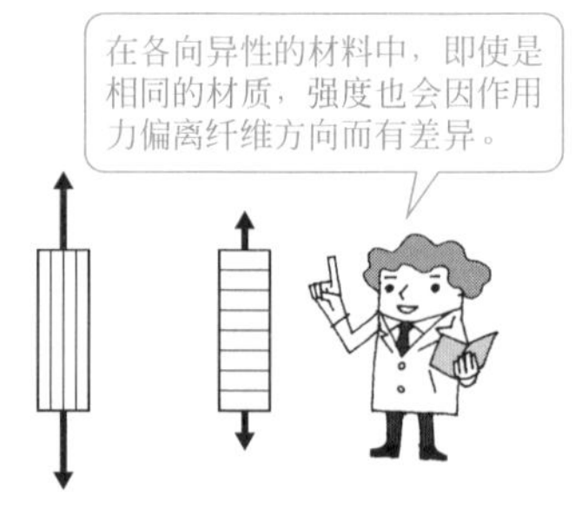

图9.18　各向异性

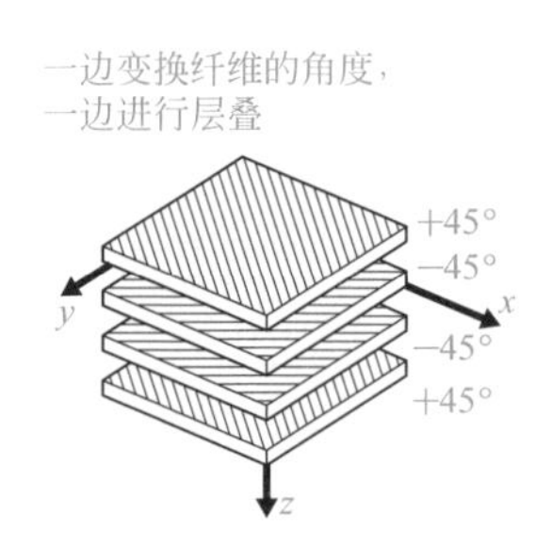

图9.19　纤维层叠

另外，每张布的纤维方向因编织方法的不同而有着各种各样的差异。尤其是，将随机分散纤维方向黏合织造的称为短切毡，而将各种树脂浸渍到沿一个方向整齐排列的纤维制成的片材称为预浸料（图9.20）。除此之外，还有平面编织和三维编织。

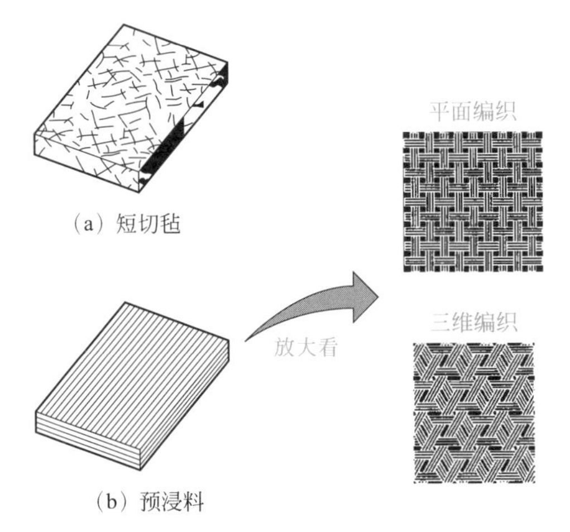

（a）短切毡

（b）预浸料

图9.20　纤维的形状

（4）复合材料的成型方法

复合材料的制造方法按照类型划分，有各种各样的方法。在这里，我们介绍其中几种具有代表性的方法。

① 手糊成型方法

手糊方法是指用手工工具将玻璃纤维和树脂相互交替地层叠在模具上，是FRP的基本成型方法（图9.21）。现场操作时，由于树脂的气味很重，因此，最好戴口罩进行操作。另外，在进行层间叠加时，为防止层间剥离的发生，要注意避免空气进入叠层之间。

手糊成型方法适合于大型产品、少量生产的产品、尺寸精度要求不严的产品以及形状复杂的产品等的成型。

② 热压罐成型方法

在精度要求高的复合材料中，我们将所需要张数的半硬化状薄层预浸料层叠堆放在称为热压罐的专用压力容器中，在控制热压罐的温度、压力以及真空状态等的条件下进行成型，这种成型方法称为热压罐成型方法。热压罐成型方法起源于航空航天领域，如今被用于汽车、船舶、建筑、体育等领域中的大型复杂的三维立体形状的制品成型（图9.22）。

③ 纤维缠绕成型方法

如同在绕线板上绕线一样，压力容器、各种管路、轴承、钓鱼杆以及撑杆跳的撑杆等的管状制品的成型方法称为缠绕成型方法（图9.23）。由于这是施加张力而进行的成型，因此，制成的产品的纤维含有率高，力学性能也优异。另外，该方法也适用于大型产品的大量生产。

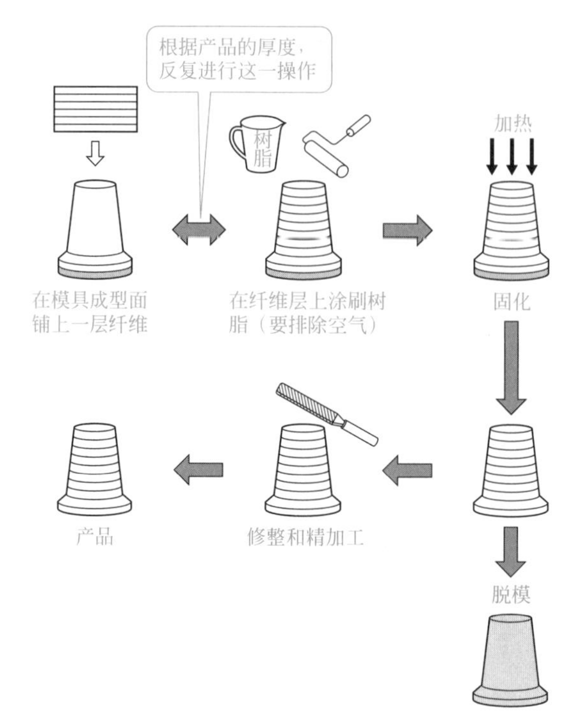

图9.21　手糊成型方法

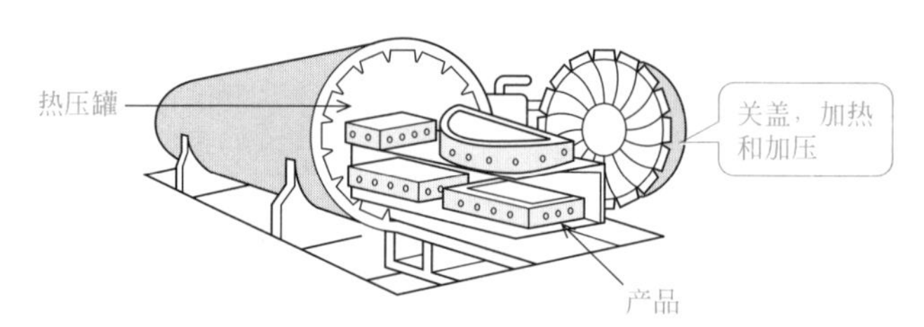

图9.22　热压罐成型方法

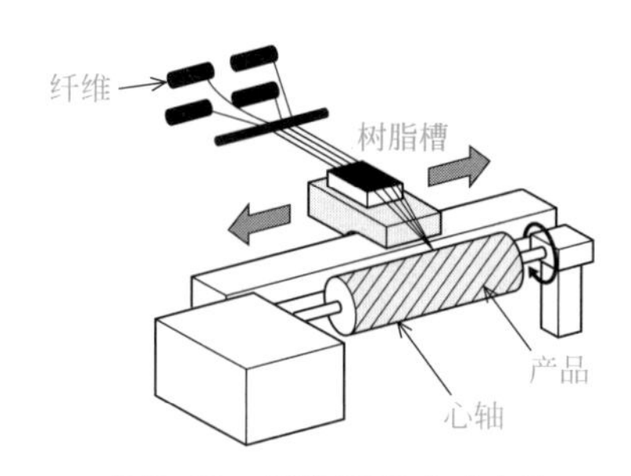

图9.23　纤维缠绕成型方法

习题

习题9.1 叙述塑料的一般性质。

习题9.2 简述热固性塑料和热塑性塑料的区别。

习题9.3 简述热塑性塑料的代表性的成型方法。

习题9.4 列举3个轻质通用塑料的具体名称。

习题9.5 简述工程塑料的性质。

习题9.6 列举3个工程塑料的具体名称。

习题9.7 列举3个超级工程塑料的具体名称。

习题9.8 简述复合材料是什么。

习题9.9 简述FRP是什么。另外，列举2个代表性的FRP。

习题9.10 简述材料中的各向同性和各向异性的区别。

习题9.11 在纤维增强塑料的层状纤维的层间，产生强度不连续部位的原因是什么。

习题9.12 列举2个复合材料的成型方法。

Memo

第10章

陶瓷材料

自远古时代，人类就开始使用烧烤黏土固化的瓦器和陶瓷器等。虽然陶瓷也是属于这种烧制的产品，但随着技术的进步，已使得陶瓷似乎赋予了金属材料所不具备的各种各样的特性，例如硬度、不可燃性和不生锈等性质。

本章中，我们总结归纳了陶瓷材料的特性、类型以及制造方法。

10.1

陶瓷材料概述

陶瓷材料坚硬、不可燃、不生锈

❶ 陶瓷是虽旧而呈新的材料。
❷ 陶瓷的最大特性是坚硬、不可燃、不生锈。

（1）陶瓷的特征

人类自古以来，就有使用烧制方法固化黏土，制作陶器或陶瓷器等生活用具来使用的历史，这就是陶瓷的起源。另外，耐火砖和玻璃等材料也都属于陶瓷类材料。在日本，绳纹时代培育起来的陶瓦制造技术，已经在现代的汽车发动机火花塞和作为绝缘体的绝缘子等工业产品制作中得到应用。进而，通过促进这些技术的发展，让常用的陶瓷材料具有了各种各样的功能，如耐热、强度、电和光以及磁等性能优异的功能陶瓷材料，尤其把作为生物材料使用的陶瓷称为精制陶瓷。这里所说的“精制”意味着“坯料使用人工的原料，严格控制各工序进行制造”。

陶瓷最大的优点是坚硬、不可燃、不生锈，在这些方面比金属还要优秀得多，因此，在严酷的环境下，作为机械工程材料使用的陶瓷材料逐渐增加（图10.1）。

图10.1　陶瓷材料

（2）陶瓷的制作方法

大多数情况下，陶瓷的原材料都是粉末状的，制造的关键是如何将这种粉末搅拌均匀，妥善地烧制。也就是说，陶瓷的制造法是均匀地烧结粉末（通过燃烧使粉末发生黏结），将这种方法称为粉末冶金。

如同我们所见过的陶瓷器等的烧制品一样，陶瓷最简单的制造方法就是用手进行黏土状的材料成型，然后进行焙烧。但是，由于这种手工方法难以进行对称形状物体的成型，所以对称形状的碗状物体的成型要使用旋压机。而且，作为大量生产精度较高产品的方法有将流动的黏土灌入模具成型的泥浆浇注法（注浆成型方法）以及将流动的黏土注入金属模具加压成型的注射成型方法等（图10.2）。

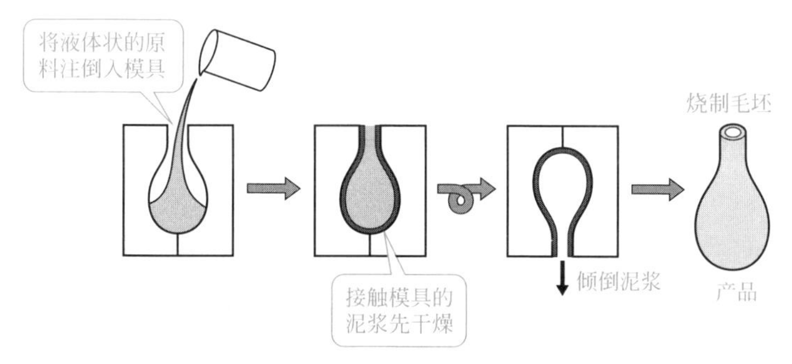

（a）注浆成型方法

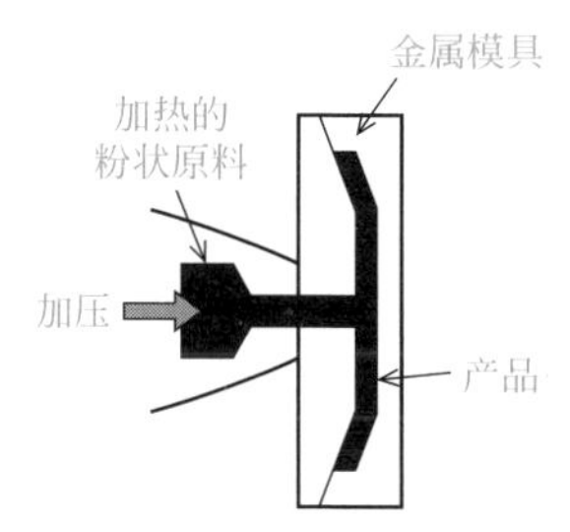

（b）注射成型方法

图10.2　陶瓷的成型方法

10.2

陶瓷材料的种类和用途

陶瓷的最大缺点就是脆

❶ 代表性的耐热陶瓷就是氮化硅，其高温强度优于耐热合金钢。
❷ 钛酸钡是典型的电力和电子器件所使用的陶瓷材料。

陶瓷依据类型，具有各种不同的性能。本节按照陶瓷的性能，介绍具有代表性的陶瓷。

（1）耐热用的陶瓷材料

耐热合金钢即使添加Ni等合金成分，在1000℃以上的高温也难以保持其强度。另一方面，正如陶瓷所具有的不可燃这一特征那样，陶瓷相对于耐热合金钢而言，在高温下也能保持强度。氮化硅（Si_4N_4）和碳化硅（SiC）等陶瓷即使是在1200℃以上的高温也能保证不降低使用强度，而且将温度上限提高到1500℃左右的研究也在进行。陶瓷作为耐热材料也应用在热力机使用的发动机上。众所周知，热力机在高温状态下运转的效率最高。但是，如果不使用能够承受高温的耐高温材料制作，热力机就无法投入使用。因此，即使是在高温状态下其强度也不降低的陶瓷材料受到了关注。

但是，陶瓷材料具有脆性这一缺点。这就是说，由于陶瓷材料基本上没有金属材料那样的塑性，因此拉伸强度不足，所引起的破损会以一个小的缺陷为起点产生裂纹，瞬间发生破坏。因此，使用陶瓷作为发动机的材料，就需要从安全的角度进行充分的研究。

例如，粉笔是像陶瓷一样用粉末状的原料凝结而制造的，若略微拉伸一下是否会断裂呢？另外，陶瓷制作的茶碗或者花盆等用具稍微延伸之后大概也会断裂吧？然而，改善脆性这一陶瓷材料缺点的研究正在开展，今后若是陶瓷材料的脆性问题得以解决，相信陶瓷的用途将更加广泛。

① 涡轮增压器

最早应用在汽车零部件上的陶瓷材料是用于制作火花塞的绝缘子。

此后，在飞机的发动机中将压缩空气强制吸入燃烧室的涡轮增压器也使用了陶瓷材料（图10.3）。涡轮增压器是由具有耐热强度的陶瓷和不锈钢等的合金钢连接制成，但这种情况下热膨胀率的不同会导致问题的发生。换句话说，在常温下采用钎焊这一熔接方法将两种不同类型的材料焊接制成零件，在高温状态使用的场合，由于合金钢的热膨胀系数比陶瓷材料的大，所以在两者的结合部位就会产生热应力，破损就会从此处发生。为此，在涡轮增压器制造时，解决陶瓷材料的连接方法是重要的研究课题。

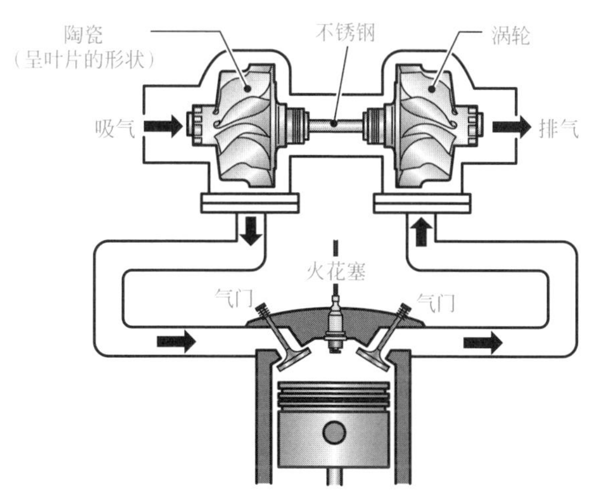

图10.3 涡轮增压器

② 燃气轮机

燃气轮机是指称为涡轮的叶片将高温和高速状态下燃烧气体吸入燃烧器，而推动叶轮轴旋转的装置（图10.4）。通过这一转动使发电机回转运行，目前，正在研发使用陶瓷为零件的发电用燃气轮机。由于形状复杂的零件难以用陶瓷材料将其制造成型，因此燃气轮机涡轮叶片的成型方法等已成为研究的课题。

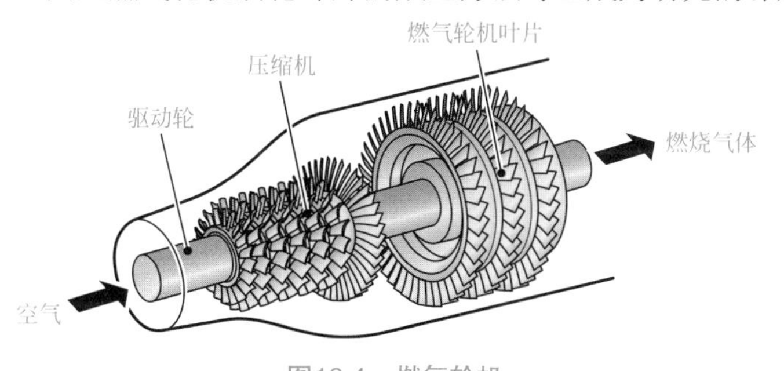

图10.4 燃气轮机

(2) 电力和电子器件用的陶瓷材料

因陶瓷具有各种各样的电气特性。因此，可灵活运用这些特性来制作半导体零件和各种传感器。

① 具有介电性能的陶瓷材料

首先能够列举的陶瓷材料的电气特性之一就是它具有很强的介电性能。介电性能是指给陶瓷施加电压的瞬间和解除电压的瞬间会有电流流动的特性。陶瓷虽然也能作为绝缘性材料使用，但并不是完全没有电流的流动，由于瞬间有电流的流动，所以利用这一特性将陶瓷材料作为电力和电子器件制作材料。具有这一特性的代表性陶瓷材料是钛酸钡（$BaTiO_3$），这种材料用于制作对手机小型化做出贡献的电容器等，并在广泛的领域获得应用（图10.5）。

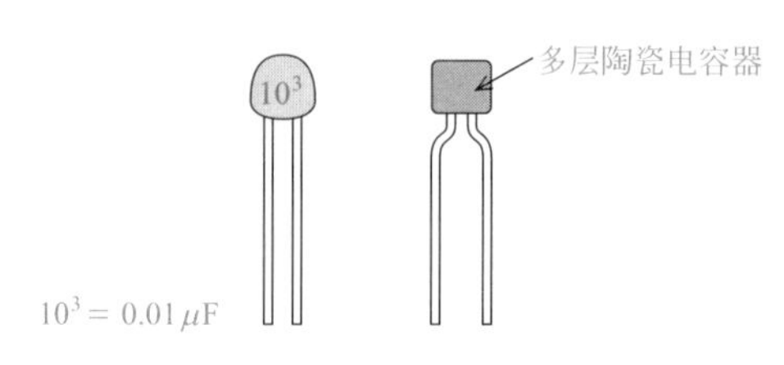

图10.5　陶瓷电容器

② 具有压电性的陶瓷材料

其次，能列举的陶瓷材料的电气特性还有压电特性，这是指当给陶瓷施加作用力时，就瞬间产生高电压，还有当施加电压时，它相反地具有进行伸缩的特性（图10.6）。

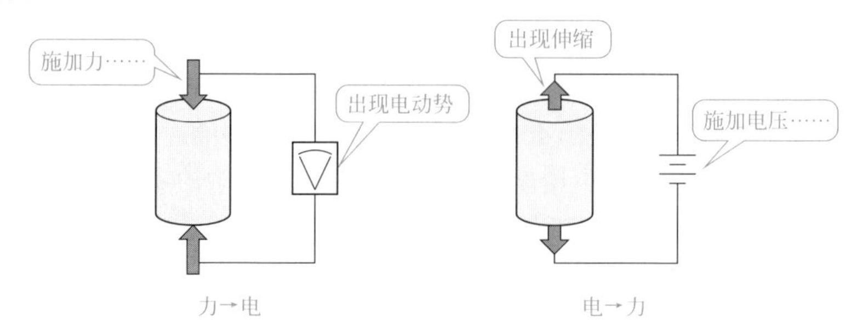

图10.6　压电陶瓷的原理

具有这一特性的代表性陶瓷材料是锆钛酸铅Pb（Ti-Zr）O_3，也称为PZT（压电陶瓷）。压电陶瓷在我们日常生活中常用于制作家电产品和钟表的电子声源、电话和遥控器的时钟脉冲信号源、喷墨打印机的喷头驱动压电晶体以及气体打火机的点火源等。另外，PZT还在医用诊断装置的超声波源、提高汽车乘坐舒适度的电气控制悬架的缓冲器等领域被广泛使用。

③ 具有热电性的陶瓷材料

压电性是指压力和电动势之间的变换，与此相应，当陶瓷材料经受温度变化时，陶瓷因极化强度变化而产生电动势的特性称为热电性。具有这一特性的陶瓷材料与压电陶瓷相同，代表性的材料也是锆钛酸铅（PZT）。另外，利用这一特性的产品有温度传感器和红外传感器，在火灾检测、人体检测、节能开关、各种安全系统等领域被广泛使用（图10.7）。

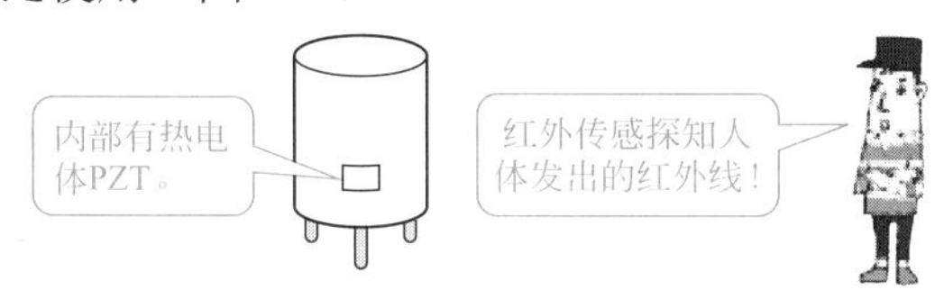

图10.7　红外传感器

（3）磁性材料用的陶瓷

有些类型的陶瓷材料具有磁性。具有磁性的陶瓷类材料是指在微弱磁场中也能磁化的柔软的铁氧体（软磁铁氧体），属于软磁材料，被广泛应用于高频率的各种变压器（transtormer）、磁头以及噪声抑制用零件等的制作（图10.8）。

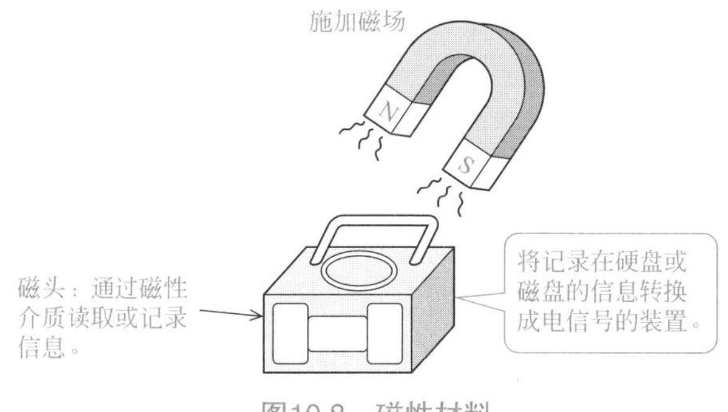

图10.8　磁性材料

在这些装置中，计算机硬盘装置的薄膜磁头所使用的是钛酸钙系或者MnO-NiO系的陶瓷基板。这种基板在要求板的表面光滑、没有残余应变的同时，还要求相对磁性记录介质的耐磨损性能以及磁头读写时所需要的各种性能。

另一方面，不施加强磁场就不能磁化的硬磁铁氧体有强磁场在一度磁化之后就残留的特点，被用于电动机、麦克风、扩音器等的永磁体的制作。

（4）光学材料用的陶瓷

材料的光学特性是指光照射这种材料能有多少程度的光透射、吸收、反射以及折射等。在这里，我们介绍代表性光学材料的玻璃和光纤通信中必不可少的光纤等。

① 玻璃

玻璃的主要成分是二氧化硅（SiO_2），这种材料是在冷却过程中无结晶化的无机非晶材料，被归属于陶瓷类的材料。但是，严格来说玻璃的定义很难，也有将玻璃归于表示玻璃化转变现象的非晶态固体（无结晶合金）的这一分类。

日常生活中常见的玻璃是窗户等使用的平板玻璃。除此之外，还有各种类型的玻璃（图10.9）。

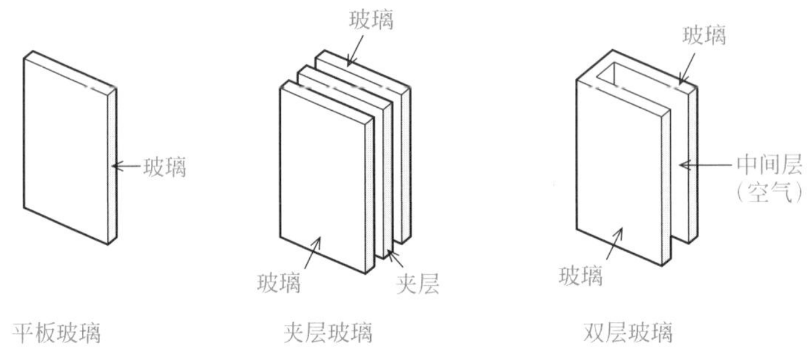

图10.9　各种类型的玻璃

高层大楼或者房间的门所使用的强化玻璃具有数倍于普通玻璃的强度。强韧的树脂将两层以上的玻璃粘接成一体的玻璃称为夹层玻璃。这种玻璃因树脂膜的作用即使是玻璃破碎时也不会出现玻璃碎片乱飞的现象，因此，安全性能较好。在两层玻璃之间形成的空气层使得双层玻璃窗户有良好的隔热性能。

② 光纤

光纤通信（图10.10）已经成为现代社会中重要的基础设施，担负这一任务的光纤就是将玻璃制成0.1mm左右的玻璃纤维。这一构思在1960年代就已经出现，但这一技术的实际使用确实花费了相当长的时间，如提高光纤制造材料的石英玻璃纯度的技术以及保证在光纤中通过的光不外泄的技术等。现如今这些问题都得以解决，光纤电缆已经铺满了世界各地。

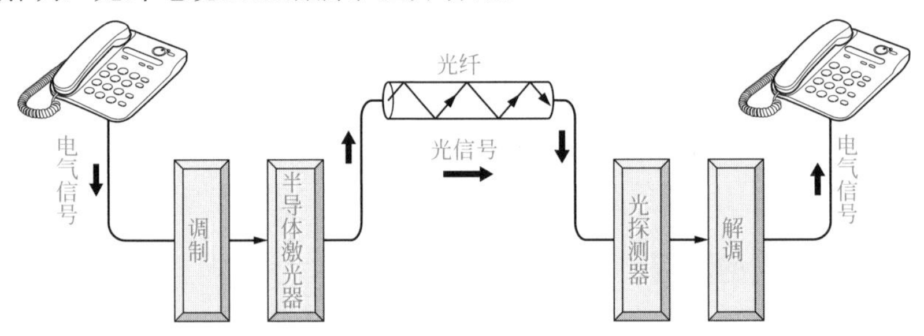

图10.10　光纤通信的原理

光纤通信是将计算机的电信号调制到激光器发出的激光束上，通过光纤传输数据。因此，激光器的开发也是光纤通信中不可缺少的重要内容。

光纤电缆与通过传输电信号进行通信的Cu等材料的金属电缆相比，具有传输过程中信号衰减少的特点，因此使超长距离的数据通信成为可能。另外，光信号与电气信号相比，由于光信号的泄露容易遮挡（图10.11），因此即使将大量的光纤集束在一起，相互之间也不会发生干涉，这也是光纤电缆的优点之一。

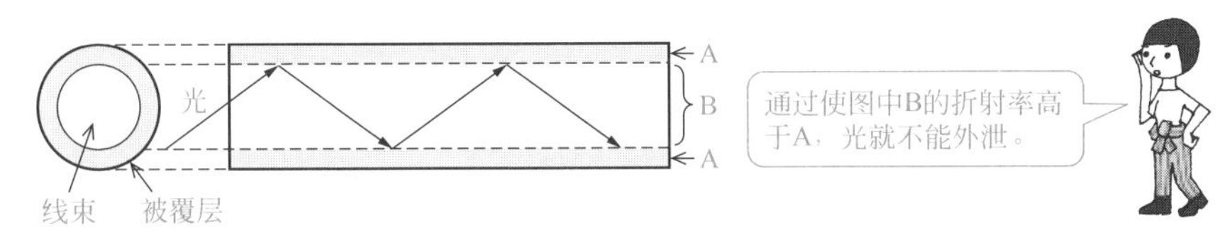

图10.11　光纤电缆

(5) 生物材料用的陶瓷

生物材料或生物相容性材料是指直接与生命系统接触和发生相互作用的材料。陶瓷材料即使存在于生物体内，也不会溶于周围的组织，并且具有稳定、耐磨损这样的优点，因此，作为生物材料受到关注。此外，将作为生物材料使用的陶瓷材料称为生物陶瓷。

在生物陶瓷材料中，有氧化铝（Al_2O_3）、氧化锆（ZrO_2）、氧化钛（TiO_2）等在生物体内不发生或发生极小反应的生物惰性陶瓷以及如磷酸钙［$Ca_3(PO_4)_2$，羟基磷灰石］那样的能在界面上诱发特殊生物反应的生物活性陶瓷。磷灰石这一物质能让大家知晓源于让牙齿变白的牙膏等，由于羟基磷灰石的成分与牙齿和骨头相同，所以这种材料与骨头的结合性好。于是，在骨折等的治疗中，人们期待羟基磷灰石有促进骨质生成的效果。

① 人工骨骼和人工关节

随着社会的老龄化和运动人口的增加，为应对骨折增加等医疗问题，人造骨骼和人造关节的研究和开发得到了发展（图10.12）。陶瓷材料作为人工骨骼和人工关节的材料受到关注，尽管其已经在实际中使用，但如何提高强度和延长使用寿命依然是面临的挑战。

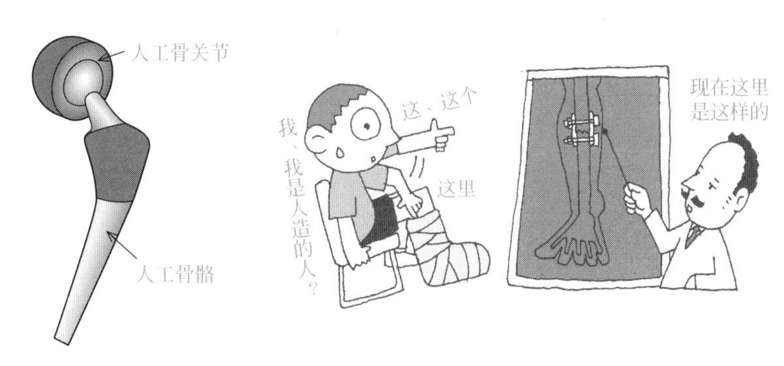

图10.12　人工骨骼和人工关节

② 人工种植牙

近年来，使用人工种植牙（种植体）来代替自然生长的牙齿的植入手术治疗（图10.13）越来越多，这种方法有助于恢复咀嚼功能。这是通过手术将种植体植入牙槽骨并获得牢固的、类似牙根的基础，然后将人工牙冠安装在基础的种植体上。但在这种情况下，因种植牙的咬合力还不到天然牙齿的50%，所以咀嚼功能大幅下降。

陶瓷材料和Ti作为这种人工种植牙的制作材料受到关注。近年来，3D打印机也在人工牙冠的成型中应用。

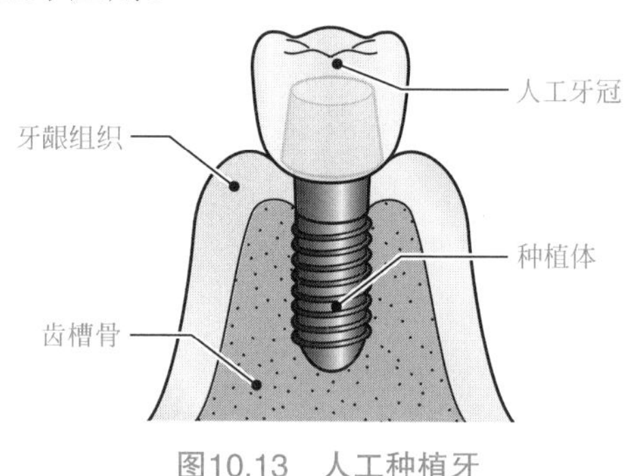

图10.13　人工种植牙

10.3

陶瓷材料的高级应用

陶瓷材料的应用领域是超导和燃料电池

在陶瓷材料应用领域中引起关注的技术有超导性和燃料电池。

(1) 超导性

超导性是指阻碍电流流动的电阻为零的这一现象（图10.14）。由于处于超导状态的材料同时也会呈现极强的反磁性，因此，在外磁场的作用下，就会产生与外磁场相反的感生磁矩，表现出反磁性。荷兰物理学家卡茂林·昂内斯（H.K.Onnes）在1911年发现，水银的电阻在低于4.2K（-268.8℃）时消失，从而开始了超导性的研究。进而，在1987年发现了含有稀土类元素［钪、钇以及镧系元素（La～Ln的统称）］的陶瓷的金属氧化物，用液态氮为冷却剂能实现在低温状态下具有超导性。因为77K（-196℃）的液态氮比液态氦的效率高、成本便宜，因此，已经酝酿出各种实用化应用方案。

在超导体的应用领域中，有使用超导体制作电磁线圈的磁悬浮以及使用超导体的输电电缆等，在能源领域、运输领域、医疗领域、电子产品领域等各行各业获得应用。

另一方面，尽管超导材料向超导状态转变的温度上升，但现在依然是只有使用液态氮才能获得超导性。因此，陶瓷材料在高温状态下呈现超导性的研究也受到关注。

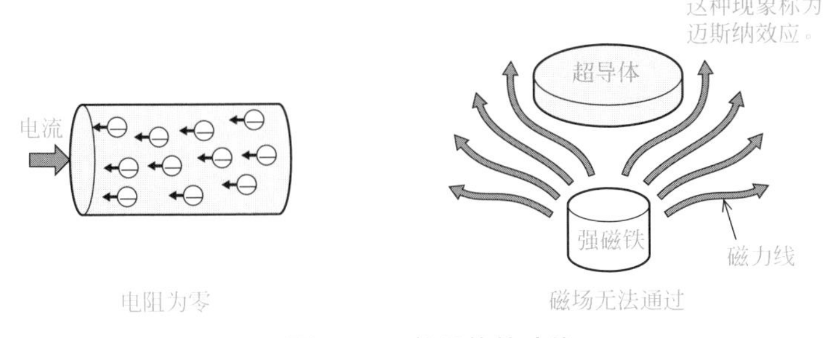

图10.14　超导体的功能

(2) 燃料电池

燃料电池（fuel call）（图10.15）是由英国人威廉·格罗夫（Sir W. R.Grove）

在1839年发明的，这是比超导现象更古老的发现。燃料电池虽然有各种各样的类型，但基本原理都是相同的，这就是利用水电解的逆过程，通过氢和氧发生反应发电。

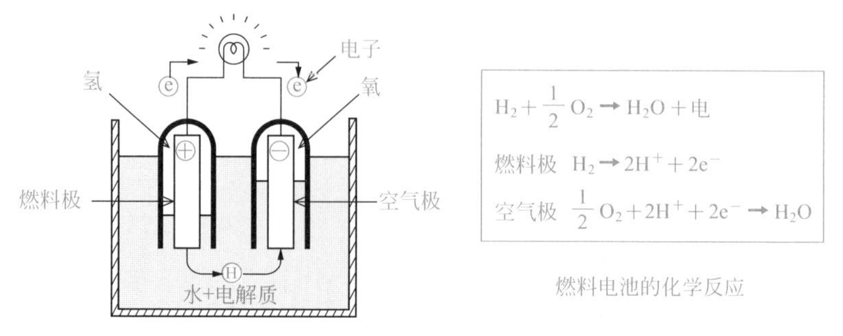

图10.15　燃料电池的原理

在燃料电池的特征方面，因发电过程无燃烧反应，所以发电效率高（大约40%）（图10.16），而且能够利用各种各样的燃料且反应生成物是水，不用担心污染环境等问题。为此，燃料电池因能同时解决环境问题和能源问题而受到关注。

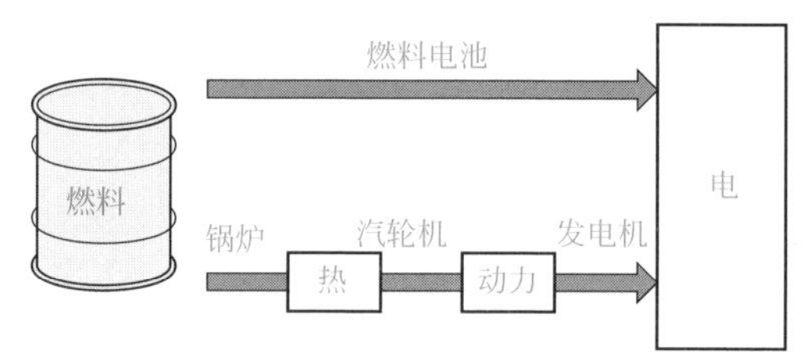

图10.16　燃料电池和其他发电方法的比较

燃料电池并不是仅依靠供给氢和氧就能够实现，这种电池实际上是由燃料极、空气极、电解质等组合成集合体，即单元（图10.17）。由于1个单元构成的电池所能产生的电压大约是0.7V，所以为获得更大的电能，就需要如干电池串联连接那样进行单元的层叠。

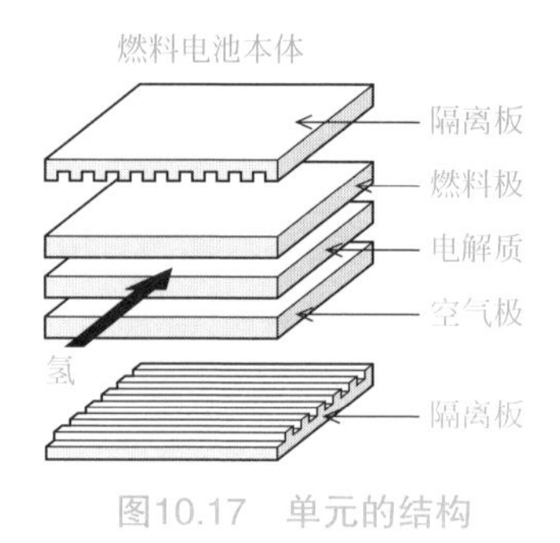

图10.17　单元的结构

目前，已经研究了各种各样的燃料电池材料。其中，陶瓷系的固体氧化物燃料电池（solid oxide fuel cell，SOFC）是燃料电池中发电效率最高的，而且因为是全固体的材料，可靠性高，所以备受期待。

专栏　3R制造

为了构建环境和谐的社会，需要考虑资源的有效利用、废弃物的减量化以及资源的循环利用这一课题。我们经常听到的“3R”就是有成效地推动这一事项的关键点。所谓3R是指回收（recycle）、节约（reduce）以及再利用（reuse）。换句话说，回收是指将使用过的产品再一次还原成原材料用于新产品的制造（图10.18）；节约是指在产品制造时考虑材料和结构等的改进，尽可能地减少使用后所产生的垃圾量；再利用是指将曾经使用过的产品不作为垃圾处理而多次重复使用（图10.19）。

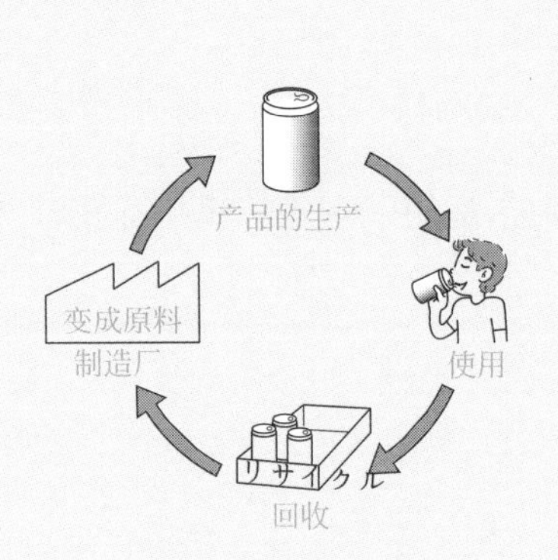

图10.18　废物再生利用的构成

图10.19　再利用的构成

这项事业站在消费者的立场是当然的，而工程师们在设计任何产品时也要时刻都牢记这一点。实际上，设计汽车以及家用电器产品等的厂家现在已经为推进资源的有效利用，制订了设计的指导方针，进行符合3R标准的产品生产。例如，在汽车报废处理时，可以容易拆卸金属零部件和塑料制品等来进行材料的分类处理也是非常重要的。

现在，已有废品回收再利用率达到90%以上的产品。

习题

习题10.1 列举陶瓷的3个优点。另外，举出陶瓷的1个缺点。

习题10.2 列举陶瓷的2种成型方法。

习题10.3 列举2个作为耐热材料使用的陶瓷材料的具体名称，并回答保证强度不下降的温度能到多少？

习题10.4 列举耐热材料的2个用途。

习题10.5 在电力和电子材料用陶瓷中，灵活运用了陶瓷的哪些特性？

习题10.6 列举2种磁性材料用陶瓷。

习题10.7 简述玻璃是什么样的材料。

习题10.8 列举生物材料用陶瓷的2个具体用途。

习题10.9 简述超导原理和今后的研究课题。

习题10.10 简述燃料电池的原理和优点。

习题解答

第1章　习题

1.1

拉伸强度、压缩强度、弯曲强度、硬度、韧性强度（韧性）。

1.2

弹性变形是指材料在外力的作用下发生形变，当外力撤销后能恢复原来大小和形状的性质。与此相反，塑形变形是指卸除载荷后将出现不可恢复的变形，或称为残余变形。

1.3

由应力的计算式 $\sigma[\text{MPa}]=\dfrac{\text{载荷}W[\text{N}]}{\text{横截面积}A[\text{mm}^2]}$，则有：

$$\sigma=900\times\frac{10^3}{150}=6000\ [\text{MPa}]$$

1.4

由应变的计算式 $\varepsilon=\dfrac{\text{长度的变化量}\Delta l}{\text{原来的长度}l}$，则有：

$$\varepsilon=\frac{4}{200}=0.02$$

1.5

胡克定律是指在弹性范围内，材料承受载荷后的应力与应变（单位变形量）之间呈线性关系。这时的比例系数被称为弹性系数，正向应力 σ 作用时产生正向应变 ε 的弹性系数称为纵向弹性模量或者杨氏模量，大多用 E 表示弹性模量。

1.6

在将硬质压头压入材料表面所进行的硬度试验中，包含有布氏硬度试验、维氏硬度试验，以及洛氏硬度试验。另外，测量在一定的高度使钢球落下时的反弹量的方法中，有肖氏硬度试验。

1.7

夏比冲击试验是用以测定金属材料抗缺口敏感性（韧性）的试验。该试验通过释放试验机举起到某一高度的摆锤作一次冲击，使夏比冲击试验用的试样沿缺口被冲断，用折断时摆锤重新升起的高度差计算试样断裂所需的吸收功。

1.8

蠕变试验是给加热到高温的试样施加一定的载荷，在恒定温度和恒定载荷条件下测量金属材料试样的蠕变量随时间的变化，并直至试样破坏的时间。

1.9

热应力、热膨胀系数、热传导率。

1.10

铜、铝、铁。

第2章　习题

2.1

原子是由位于原子中心的带正电荷（+）的原子核和围绕在原子核周围运动的带负电荷（-）的电子构成。进而，原子核是由带正电荷的质子和不带电荷的中子构成。

在原子的整体上，电子的数量和质子的数量相同。电子的数量是由元素的类型决定的，称其为原子序数。

2.2

离子键结合：阳离子和阴离子通过库仑力这一电引力的作用而形成结合。

共价键结合：相互结合的双方原子分别提供1个价电子，双方的原子共用这两个价电子形成的结合。

金属键结合：金属原子是相互提供价电子而成为阳离子，这种价电子作为自由电子在金属键间往复移动而形成结合。

2.3

非晶体是如玻璃或者陶瓷那样，原子因不能形成晶体而呈现杂乱无章的分布状态的非晶质的固体。

非晶体（或无定形体）与普通金属相比，具有强度高、柔软、非常难生锈以及磁性优良等的显著特性。

2.4

沸点和熔点高、密度大、容易导电和传热、延展性能优良以及具有金属光泽（在其中选3个）。

2.5

体心立方晶格：常温状态的铁（Fe）。

面心立方晶格：铝（Al）、铜（Cu）。

密排六方晶格：无。

2.6

物体从固体变化为液体称为熔化（或者液化），从液体变化为固体称为凝固（或者固化），从液体变化为气体称为气化（或者蒸发），从气体变化为液体称为凝结（或者液化）。

2.7

固溶体是指合金元素完全融入母体金属，整体都是组织均匀的固体。

在固溶体中，有合金元素的原子占据母体金属的原子的部分正常位置的置换固溶体以及合金元素的原子侵入母体金属的晶格间隙的间隙固溶体两种。

2.8

金属间化合物是指两种以上的金属构成的化合物，通常具有不同于组成元素的独特的物理和化学性质。

金属间化合物的力学性能通常具有硬而脆、难于变形的特征。

2.9

共晶是指A和B两种元素相互混合的组织在从液相变化为固相时，两种成分的金属结晶同时析出。

另外，共析是指从单一的固溶体同时析出两种固溶体，从固相向固相的转变。

2.10

实际材料的晶体结构并不是完全规则排列的，而是到处都有排列混乱或脱落的部位。这种状态称为缺陷，线状的晶格缺陷称为位错。即位错是指晶体材料的一种内部微观缺陷，即原子的局部不规则排列（晶体学缺陷）。

第3章　习题

3.1

炼铁工艺是向高炉中投放铁矿石、石灰石和焦炭，并使焦炭在高炉中燃烧，加热和熔化铁矿石，从出铁口取出生铁。

炼钢工艺是在转炉中投放生铁和废铁等，进行熔炼得到钢。

3.2

铁（Iron）是用元素符号Fe表示的元素，钢是含有碳的碳素钢的简称。

3.3

将纯铁从熔融状态降低温度的话，它在1535℃凝固，这时的晶体结构是体心立方晶格。进而，如果再降低温度的话，纯铁的晶体结构就在1394℃时转变为面心立方晶格。这一转变称为A_4转换，这时纯铁的晶格由δ铁转换为γ铁。

如果再进一步降低温度的话，纯铁的晶体结构在911℃时就从面心立方晶格再次转换成体心立方晶格。这一转变称为A_3转换，这是纯铁的晶格由γ铁转换为α铁。

3.4

众所周知，室温下的Fe是强磁性体，但铁一旦被加热的话，它在约770℃时就会变成顺磁体。这种转变点称为A_2转变或磁性转变。

另外，这一温度称为磁性转变点或者居里点。

3.5

在碳素钢的平衡状态图中，横轴表示含碳量，纵轴表示温度。

3.6

铁素体在钢中是最软且延伸性大的组织。另外，铁素体通常是强磁性体，具有容易腐蚀的缺点。

渗碳体是非常硬而脆的组织，具有难以腐蚀的特性。

3.7

在碳素钢的热处理工艺中，有淬火处理、回火处理、退火处理以及正火处理四种方法。

淬火是将碳素钢从奥氏体组织用水或者油快速冷却使其转变为马氏体组织的

热处理。由此，碳素钢变硬，韧性降低。淬火后的马氏体组织具有硬而脆的特性。

回火是为了改善碳素钢的性能，将经过淬火处理的钢件加热到A_1线以下的适当温度保持一定时间，随后用适当的冷却速度进行冷却的热处理方法。

在结构用碳素钢中，回火处理常在400℃左右的温度进行。通过这种热处理，马氏体形成由铁素体和渗碳体的混合组织构成的屈氏体，这种屈氏体与马氏体相比有点软但韧性强。屈氏体组织在550～600℃进行回火，转换为索氏体组织。索氏体组织比屈氏体组织更密集、更硬、韧性更高。

退火是释放加工硬化等在材料内部产生的应力，使金属内部组织恢复到平衡状态或进行微细化处理的热处理方法。这种方法是将钢在奥氏体的状态充分保持一段时间后，在空气中进行缓慢冷却，钢的组织成为微细化的珠光体。

正火是消除因加工硬化引起的材料内部的应变，使材料组织软化，提高延展性的热处理方法。这种方法是将钢在奥氏体的状态充分保持一段时间后，在加热炉中进行缓慢冷却，钢的组织成为延展性优异的珠光体。

3.8

渗碳是使碳元素（C）浸透在含碳量0.2%以下的低碳素钢表面，增加其表面硬度的热处理方法。这种热处理方法使钢成为低碳部位为柔软组织、高碳部位既有韧性又有耐磨性的组织

3.9

SS钢是一般结构用轧制钢，这是只有拉伸强度最低保证的碳素钢。

S-C钢是机械结构用碳素钢，这是钢中的碳含量等都被规定的碳素钢。相对于SS钢主要作为一般的结构用钢，S-C钢是齿轮和轴等在更严酷的场合下使用的钢材。

3.10

SK钢是碳素工具钢，具有坚硬、耐磨损、强韧等力学性能。

3.11

SB钢是锅炉以及压力容器用钢板，高温和高压下能保持强度。

3.12

SM钢是熔接结构用轧制钢，具有熔接性能优异的特征。

第4章　习题

4.1

碳素钢的五种主要元素是C、Si、Mn、P以及S。另外，合金元素有Cr、Mo、V、W以及Co等。

4.2

强韧钢的主要合金元素有Mn、Cr以及Mo，日本国家标准JIS中的代表性的标记有SCr、SCM、SNC、SNCM、SMn，以及SMnC等。

4.3

日本的H钢是保证淬透性的合金钢，在JIS标准的标记中有SCM420H这一钢种，在标记的后面后缀H。

4.4

高强度钢是指至少具有490 MPa的抗拉强度的钢，强度高的能达到1 GPa的程度。

4.5

要求工具钢坚硬、耐磨损、韧性强。

4.6

切削用工具钢（JIS标准的标记：SKS）、模具用工具钢（JIS标准的标记：SKS、SKD、SKT），以及耐冲击用工具钢（JIS标准的标记SKS）

4.7

高速工具钢的主要合金元素是W和Mo，JIS标准的标记是SKH。

4.8

在硬质合金中，力学性能最优异的材料是碳化钨（WC）。

4.9

在耐腐蚀钢中，代表性的合金成分是Cr（12%以上）和Ni。按照钢的成分差异，分为13Cr不锈钢、18Cr不锈钢以及18Cr-8Ni不锈钢等三种类型。

4.10

这是因为在金属的表面形成一层牢固的氧化薄膜，保护内部的金属不受腐蚀。

4.11

耐腐蚀钢的标记为SUS，耐热钢的标记为SUH。

4.12

例如，轴承钢（SUJ）和弹簧钢（SUP）。

第5章　习题

5.1

铸铁是指铁中的含碳量为2.14%～6.67%的金属材料。铸铁是硬而脆的材料，具有压缩强度和耐磨性优异这一特征。另外，因为其熔点低，所以适合铸造。

5.2

表示铸铁组织的平衡状态图被称为双平衡状态图。这是因为冷却速度的不同，导致C会形成渗碳体或石墨。

5.3

白口铸铁、灰口铸铁以及麻口铸铁。

5.4

莫勒硅碳组分图（铸铁特有的）。

5.5

由于在灰口铸铁中没有添加特殊的元素，所以也被称为普通铸铁。JIS标准的标记是FC，抗拉强度最大的灰口铸铁是FC350。

5.6

分散在铸铁中的片状石墨的形状呈蛾眉月状（月亮在初三的形状），这种片状的石墨是铸铁的优点，在提高耐磨性和吸收振动等方面具有功效。但是，因为这种蛾眉月状的石墨边缘尖锐，这就如同在铸铁的内部分散着龟裂状的缺陷，进而，在这种边缘尖锐处容易发生应力集中，导致裂纹容易以此为契机扩展。

5.7

球墨铸铁在承受外载荷作用时，由于球状的石墨能起到分散所承受的外载荷的功效，因此球墨铸铁是高韧性的铸铁。JIS标准的标记是FCD铸铁。

5.8

可锻铸铁是通过对白口铸铁进行热处理，将渗碳体转换成石墨，形成的高韧性组织。这种铸铁有黑心可锻铸铁、白心可锻铸铁以及珠光体可锻铸铁等3种类型。

5.9

合金铸铁有高铬铸铁和高硅铸铁，高铬铸铁在高温下的耐磨性优异，高硅铸铁的耐热性和耐酸性优异。

5.10

铸造中使用的碳素钢或合金钢称为铸钢，这是铸铁的强度或硬度不足的情况下所使用的材料。

第6章　习题

6.1

铝（Al）的密度是2.7×10^3kg/m^3，熔点是660℃。

铁（Fe）的密度是7.8×10^3kg/m^3，熔点是1535℃。

6.2

Al的原材料是铝矿石，通过电解制造。

6.3

① 纯铝由于强度低，所以不能作为结构用材使用，但加工性和耐腐蚀性优异。

② 硬铝有A2017，超硬铝有A2024，具有强度高、力学性能优异和切削性好的性质。超硬铝的硬度甚至高到接近钢。

③ 铝制饮料罐用的铝合金主要添加元素是Mn，这种材料的可加工性和耐腐蚀性比强度更优异。

④ A5052是Al-Mg系合金材料，作为一般的结构用材料被广泛用在车辆、船舶、建筑、机械零件等的制作。

⑤ 超级硬铝是Al-Zn-Mg系合金材料，是铝合金中强度最高的材料。

6.4

① AC是砂模铸造和金属模具铸造用的材料，ADC是压铸用的铸造铝合金。

② 铝硅合金是Al-Si系合金，这是通过添加硅元素，降低合金的熔点，增加合金溶液的流动性，提高铸造性。

③ 铝镁合金是Al-Mg系合金，主要添加Mg。这种合金具有强度高和耐腐蚀的优点，延展率在铝合金铸件中是最大的。

④ 铝硅镁合金是Al-Si-Mg系合金，减少了Si的含量，增加了Mg的含量，强度高。

⑤ 压铸用铝合金是Al-Si-Cu系合金，不仅铸造性好，而且切削性也优异。

第7章　习题

7.1

铜（Cu）和铁（Fe）的密度分别是8.9×10^3kg/m^{3}和7.8×10^3kg/m^3，熔点分别是1085℃和1535℃。

7.2

铜（Cu）的强度和硬度等的力学性能不如铁（Fe），因此作为结构用材料不适合。但是，铜通过合金化能获得某种程度的改善。

7.3

黄铜的主要合金元素是锌（Zn），是一种具有出色的延展性和耐腐蚀性的金黄色材料。

7.4

六四黄铜是含有40%Zn的黄铜，七三黄铜是含有30%Zn的黄铜。六四黄铜的颜色呈接近黄金色的黄色，是在黄铜中具有最大强度的材料。

7.5

海军黄铜为了提高耐腐蚀性能，特别是耐海水侵蚀的能力，是在黄铜中添加锡（Sn）的材料。

7.6

青桐的主要添加元素是锡（Sn），是具有出色铸造性能和耐腐蚀性能的呈青绿色的材料。

7.7

炮铜（铜锡合金）是约含10%锡（Sn）的合金材料，这种材料具有优异的韧性、耐磨性和耐腐蚀性，过去用于铸造大炮等，所以被这样命名。

7.8

白铜是Cu-Ni系的合金材料，这种材料耐腐蚀，特别是耐海水腐蚀的性能优异，被用于热交换用管的制作。

7.9

洋白铜是Cu-Ni-Zn系的合金，具有良好的延展性和耐腐蚀性，由于其色泽美观，所以被用于西式餐具、装饰品以及医疗器具等的制作。

7.10

日本的5元硬币是黄铜制，100元硬币是白铜制，500元硬币是洋白铜制。

7.11

铍铜是Cu-Be系的合金，这种材料除耐腐蚀性和延展性好外，弹簧性能也优异，被用于高性能弹簧和精密机械零件的制作。

7.12

英语的brass是指黄铜，bronze是指青铜。

第8章 习题

8.1

锌（Zn）的密度是$7.1\times10^3kg/m^3$，熔点是419℃。

锡（Sn）的密度是$7.3\times10^3kg/m^3$，熔点是228℃。

8.2

镀锌钢板（白铁皮）是在Fe上镀Zn的板材，主要作为在室外的建筑材料使用。

8.3

马口铁是在Fe上镀Sn的板材，由于耐腐蚀性能好，所以被用于制作食品容器。

8.4

这是因为铅（Pb）对人体有害。

8.5

钛（Ti）的密度是$4.5\times10^3kg/m^3$，熔点是1668℃。

8.6

钛（Ti）是比铁轻而结实的材料，而且耐腐蚀性能也优异。

8.7

Al、V、Sn、Mo（答案是在其中选择两个）。

8.8

出于轻量化和强度方面的考虑，航空航天相关材料选择钛合金；出于耐腐蚀性能考虑，钛合金能用于化学工艺装备和海水中设施的制作材料。另外，钛合金也能作为生物材料使用。

8.9

镁（Mg）的密度是$1.7\times10^3kg/m^3$，熔点是665℃。

8.10

Mg在作为结构用材料使用的实用金属中是最轻的，且耐振动和冲击的性能优异。另外，Mg的热传导率大、电磁波屏蔽性能高。

8.11

镁合金的主要合金元素是Al和Zn。

8.12

镁合金的主要用途有，充分利用镁合金的散热特性制作个人计算机和液晶投影仪的零件；充分利用镁合金的电磁波屏蔽性高的特征制作手机的机壳（框体）；充分利用镁合金出色的吸收振动冲击能量的性能制作平板电脑、汽车的操纵零件以及赛车用摩托车的轮毂等。

第9章　习题

9.1

塑料的一般性质是无论硬质还是软质的塑料都比铁轻、能够成型、不易传热和导电、耐腐蚀性和耐药品性出色、容易上色。

9.2

加热软化的塑料称为热塑性塑料。由于在成型后再次加热，这种塑料将再次软化，因此能重复使用。因加热而固化的塑料称为热固性塑料。这种塑料在成型后，即使再次加热也不会软化，所以不能回收利用。

9.3

热塑性塑料的代表性成型方法是将粉末或颗粒状的塑料材料放入料斗，用加热器加热材料后，熔融的塑料通过喷嘴注射到金属模具中，进行冷却固化成型。

9.4

聚乙烯（PE）、聚丙烯（PP）、聚苯乙烯（PS）、聚氯乙烯（PVC）以及聚甲基丙烯酸甲酯（PMMA）等（答案是在其中选择3个）。

9.5

工程塑料是指具备抗拉强度和硬度等机械工程材料特性的塑料材料。

9.6

工程塑料的具体名称有聚甲醛（POM）、聚碳酸酯（PC）以及聚酰胺（PA）等。

9.7

聚醚醚酮（PEEK）、聚砜（PSU）、聚醚砜（PES）、聚苯硫醚（PPS）以及液晶聚合物（LCP）等。（答案是在其中选择3个）。

9.8

复合材料是指通过金属、塑料以及陶瓷等两种以上的不同材料的组合，得到单一材料所不具备的功能和性质的材料。

9.9

用纤维增强塑料的复合材料称为纤维增强塑料（FRP）。按所使用的纤维不同，分为玻璃纤维增强复合塑料（GFRP）和碳纤维增强复合塑料（CFRP）。

9.10

金属材料是任意方向都具有相同性质的各向同性材料。与之相反，复合材料中使用的纤维具有因方向不同而性质不同的各向异性。

9.11

这是因为发生层间剥离。

9.12

复合材料的成型方法有手糊成型方法、热压罐成型方法以及纤维缠绕成型方法等。（答案是在其中选择2个）

第10章 习题

10.1

陶瓷的优点是坚硬、不可燃、不生锈，缺点是脆。

10.2

陶瓷的成型方法有注浆成型方法（泥浆浇注法）、注射成型方法。

10.3

氮化硅（Si_4N_4）和碳化硅（SiC）等的陶瓷即使在1200℃以上的高温也能保证不降低强度。

10.4

耐热陶瓷能用于涡轮增压器和燃气轮机等的零件制造。

10.5

灵活运用了陶瓷的介电性、压电性以及热电性。

10.6

磁性陶瓷材料有软磁铁氧体和硬磁铁氧体。

10.7

玻璃的主要成分是二氧化硅（SiO_2），这种材料是冷却过程中无结晶的无机材料。

10.8

生物材料用陶瓷能用于人造骨骼、人造关节以及人工种植体等。（答案是在其中选择2个）

10.9

超导性是指阻碍电流流动的电阻为零的这一现象。另外，处于超导状态的材料同时会呈现极强的反磁性，所以在外磁场的作用下，就会产生与外磁场相反的感生磁矩，表现出反磁性。

今后的研究主题是开发在更高温度下工作的超导材料。

10.10

燃料电池的原理是利用水电解的逆过程，通过氢和氧发生反应发电。

在燃料电池的优点方面，无燃烧反应的发电过程使发电效率高（大约40%）、能够利用各种各样的燃料以及反应生成物是水而不用担心污染环境等。

因此，燃料电池因能同时解决环境问题和能源问题而受到关注。